全面推进"数字化、立体化"教材建设
与时俱进 打造有影响力的品牌精品系列教材
促进新时期人才培养

 高等院校艺术学门类"十四五"规划教材·全媒体系列

室内设计原理
与实践

Shinei Sheji Yuanli yu Shijian

主 编 商艳云 喻 欣 游 娟
副主编 刘 溪 吴晓露 黄秦超 张 骐

 华中科技大学出版社
http://www.hustp.com
中国·武汉

图书在版编目（CIP）数据

室内设计原理与实践/商艳云，喻欣，游娟主编.—武汉：华中科技大学出版社，2021.6（2025.1重印）

ISBN 978-7-5680-7135-2

Ⅰ.①室… Ⅱ.①商… ②喻… ③游… Ⅲ.①室内装饰设计 Ⅳ.①TU238.2

中国版本图书馆 CIP 数据核字（2021）第 103754 号

室内设计原理与实践　　　　　　　　　　　　　　商艳云　喻　欣　游　娟　主编

Shinei Sheji Yuanli yu Shijian

策划编辑：江　畅

责任编辑：张　娜

封面设计：孢　子

责任监印：朱　玢

出版发行：华中科技大学出版社（中国·武汉）　　　电话：（027）81321913

　　　　　武汉市东湖新技术开发区华工科技园　　　邮编：430223

录　　排：武汉创易图文工作室

印　　刷：广东虎彩云印刷有限公司

开　　本：880 mm×1230 mm　1/16

印　　张：11

字　　数：356 千字

版　　次：2025 年 1 月第 1 版第 2 次印刷

定　　价：60.00 元

　　随着互联网技术与各行各业不断深入融合,国家教育行业的数字化变革已形成了一股强劲浪潮。教育的现代化离不开互联网及信息技术,当然,也离不开现代化的教材。从教学的机制和规律来看,教材是教学的重要环节和重要内容,它在系统传授知识和技能、培养和提升综合创新能力上具有巨大的优越性。

　　该系列教材是全面推进数字化、立体化教材建设的一部分。届时课件、资源二维码、在线课程建设等也将同步推进,与课程建设配套,与时俱进,打造有影响力的精品系列教材,促进学校学科发展,促进新时期人才培养。同时,该系列教材十分注重培养学生的动手能力,强调教学的实践环节,以顺应国家倡导的"对接社会需求"。该系列教材立足于本课程教学和学生的特点,全面反映了当前教学改革的成果,切实体现了新的教学理念和方法,重点强调了理论与实践相结合、实践教学与素质教育相融合的指导思想。

　　该系列教材突显了教师在教学过程中的责任感,强调了利用信息化教学手段快速、高效地促进教师与学生之间的互动,较好地完善了教学的相关环节。希望该系列教材的出版能为广大一线教师的教学提升带来支持和帮助,同时也为中国教育的现代化进程添砖加瓦。

2021 年 1 月 24 日

前言
Foreword

　　室内设计原理对于设计师来说是必备的理论基础,基础牢固与否决定了设计师的设计之路是否长远。本书是编者多年设计实践和教学经验的总结,可作为各类艺术院校环境设计专业、室内设计专业、建筑设计专业的教材,对建筑装饰行业的专业技术人员及设计师也具有一定的参考价值。

　　基础理论、设计实践、未来发展是本书的主要框架,本书由"室内设计概论""室内设计与相关学科""室内设计的空间组织""室内空间类型与设计原则""室内设计系统""室内设计实践作品赏析"六章组成。本书详细介绍了室内设计的演化过程和发展趋势,分析了室内设计的空间组织与系统要素,探讨了新时代室内设计的结构特征和生态设计,将理论知识与实践案例相结合进行全方位深入解析。在传统理论基础上,穿插实践案例与设计草图,充分展示室内设计的创意和过程。本书采用合适的理念和体例进行编写,力求适应人才培养和课程教学的需要。本书集中体现以下特色:

　　(1)从人类居住和环境艺术的角度讲述室内设计的基础理论框架、内容系统。

　　(2)从现代技术手段的角度探讨室内设计新材料、新技术的运用及未来发展趋势。

　　(3)按照居住建筑、公共建筑、工业建筑、农业建筑等不同类别进行例证分析,涉及门类广泛,实用性强。

　　(4)从设计美学的角度对室内设计进行美学分析,强调艺术表现的方法。

　　本书由商艳云、喻欣、游娟担任主编,由刘溪、吴晓露、黄秦超、张骐担任副主编。具体编写分工如下:第一章由喻欣编写;第二章由刘溪编写;第三章由商艳云编写;第四章第一至三节由商艳云编写,第四节由黄秦超、喻欣编写;第五章由吴晓露编写,第六章由游娟编写。赖泽剑、张骐参与了本书图文资料的收集与整理。

　　在编写过程中,编者参考了近年来室内设计的诸多研究成果以及室内设计前沿案例,在此向相关作者致以最诚挚的感谢。由于编者水平有限,书中难免有疏漏和失误之处,望广大读者批评与指正。

编　者
2021 年 2 月

扫描二维码可见相关课件资料

目录
Contents

Shinei Sheji Yuanli yu Shijian

第一章

室内设计概论

室内设计是根据建筑物的使用性质、所处环境和相应标准,运用物质技术手段和建筑设计原理,创造功能合理、舒适优美、满足人们物质和精神生活需要的室内环境。这一室内环境既具有使用价值,满足相应的功能要求,同时也反映了历史文脉、建筑风格、环境气氛等精神因素,明确地把"创造满足人们物质和精神生活需要的室内环境"作为室内设计的目的。

第一节
室内设计的含义

现代室内设计作为一门新兴的学科,尽管只是近十年的事,但是人们有意识地对自己生活、生产的室内环境进行安排布置,甚至美化装饰,在人类文明早期就已存在。自建筑开始,室内的设计发展即同时产生,所以研究室内设计史就是研究建筑史。

室内设计是指为满足一定的建造目的(包括人们对它的使用功能的要求、对它的视觉感受的要求)而进行的准备工作,对现有建筑物的内部空间进行改造加工的准备工作。室内设计的目的是让具体的物质材料在技术、经济等方面,在可行的有限条件下能够成为合格的产品。设计不单单需要工程技术上的知识,还要求设计人员必须具备艺术上的理论和技能。室内设计是从建筑设计中的装饰部分演变而来的,它是对建筑物内部环境的再创造。室内设计可以分为公共建筑空间设计和居家设计两大类别。当我们提到室内设计时,还会提到动线、空间、色彩、照明、功能等相关的重要术语。室内设计泛指能够实际在室内建立的任何相关物件,包括墙、窗户、窗帘、门、表面处理、灯具、家电、环境控制系统、视听设备、装饰品等。

一、室内设计的依据

现代室内设计,考虑问题的出发点和目的都是为人服务,满足人们生活、生产的需要,为人们创造理想的室内空间环境,使人们感受到关怀和尊重。一经确定的室内空间环境,同样也能启发、引导甚至在一定程度上影响和改变人们活动于其间的生活方式和行为模式。

为了创造一个理想的室内空间环境,我们必须了解室内设计的依据。室内设计作为环境设计系列中的一环,必须事先充分掌握建筑物的功能特点、设计意图、结构构成、设施设备等情况,进而对建筑物所在地区的室外自然环境和人工条件、人文景观、地域文化等也有所了解。例如,同样是设计旅馆,建筑外观和室内环境的造型风格,显然建在北京、深圳的市区内和建在云南昆明及贵州遵义的高原环境理应有所不同;同样是高原环境,昆明和遵义又会由于气候条件、周边环境、人文景观的不同,建筑外观和室内设计也会有所差别。具体地说,室内设计主要有以下各项依据。

1. 人体尺度

首先是人体的尺度和动作域所需的尺寸和空间范围,人们交往时的人际距离,以及人们在室内通行时,各处有形或无形的通道宽度。

人体尺度,即人体在室内完成各种动作时的活动范围,是我们确定室内诸如门扇的高宽度、窗台和阳台的高度、家具的尺寸及其相互距离,以及楼梯平台、室内净高等的最小高度的基本依据。人体尺度涉及人们

在不同性质的室内空间中的心理感受,要顾及满足人们心理需求的最佳空间范围,主要包括以下几方面:

(1)静态尺度(人体尺度);

(2)动态活动范围(人体动作域与活动范围);

(3)心理需求范围(人际距离、领域性等)。

2. 家具、灯具、设备、陈设等的尺寸以及使用、安置它们所需的空间范围

室内空间里,除了人的活动外,占有空间的内含物主要是家具、灯具、设备(指设置于室内的空调、热水器、散热器、排风机等)、陈设等。在有的室内环境里,如宾馆门厅、高雅的餐厅等,室内绿化和水石小品等所占的空间尺寸,也应成为组织和分隔室内空间的依据,如图1-1和图1-2所示。

图 1-1　家具所占的室内空间　　　　　　图 1-2　绿化与水石小品所占的室内空间

对于灯具、空调设备、卫生洁具等,除了本身的尺寸以及使用、安置时必需的空间外,值得注意的是,此类设备、设施在建筑物的土建设计与施工时,管网布线等都已有一个整体布置,室内设计时应尽可能在它们的接口处予以连接、协调。对于出风口、灯具位置等在室内使用合理和造型美观等要求上,适当地在接口处做些调整也是允许的。

3. 室内空间的结构构成、结构构件、设施管线等的尺寸和制约条件

室内空间的结构体系、柱网的开间间距、楼面的板厚梁高、风管的断面尺寸以及水电管线的走向和铺设要求等,都是室内空间设计必须考虑的。有些设施内容,如风管的断面尺寸、水电管线的走向等,在与有关工种的协商下可做调整,但仍然是必要的依据条件和制约因素。例如空调的风管通常在梁板底下设置,计算机房的各种电缆管线常铺设在架空地板内,室内空间的设计尺寸必须考虑这些因素,如图1-3所示。

4. 符合设计环境要求、可供选用的装饰材料和现实可行的施工工艺

由设计设想变成现实,必须选用地面、墙面、顶棚等各个位置的装饰材料,装饰材料的选用,必须提供实物样品,因为同一名称的石材、木材也会有纹样、质量的差别。采用现实可行的施工工艺,这些依据条件必须在设计开始时就考虑到,以保证设计图的规范合理和具体实施。

图 1-3　室内空间的结构构件与设施管线

5. 确定投资标准

行业已确定的投资标准和建设标准,以及设计任务要求的工程施工期限,这些具体而又明确的经济和时间概念,是现代设计工程的重要前提。

室内设计与建筑设计的不同之处在于,同样一个旅馆的大堂,不同方案的土建单方造价比较接近,而不同建设标准的室内装修造价,可能相差较大。例如,一般旅馆大堂的室内装修费用每平方米造价 1000 元左右,而五星级宾馆大堂每平方米造价可以高达 8000~10 000 元(例如,上海新亚-汤臣五星级宾馆大堂的装修每平方米造价为 1200 美元)。可见,对于室内设计来说,投资标准与建设标准是必要的依据因素。同时,不同的工程施工期限,将决定室内设计中采用不同的装饰材料安装工艺以及界面设计处理手法。

二、室内设计的原则

设计师需要不断地提出多种设计方案,并加以评估。室内设计的方案必须满足五个原则:空间性、功能性、经济性、创造性和技术性。只有这五个原则达到平衡,才能成功地塑造出室内空间的整体感。

1. 空间性

空间性是指物品、人和空间的关系。在考虑空间时,最基本的是要掌握空间所特有的意义和目的。

1)意义:为什么是这样的空间

空间可以给予人宽度、广度及色彩感,所以在室内设计时,对于各个部位都要去体会建筑师的建筑意图。为何是通顶设计?为何会有两层?为何这个位置会有固定框格窗?在这种意义上,室内设计师必须要懂得"建筑"。

2)目的:在这样的空间里做什么

每个空间一定会有其建造的目的,即这个空间是用来做什么的。娱乐、放松、吃饭、睡觉?还是工作?把这些基本的使用目的考虑到位,可以使各个空间的目的性更加明确。室内设计的材料、色彩、形状等都必须能够表现出空间的目的性。

2. 功能性

功能分为空间功能和物品功能,前者包括隔声、保湿、维修方便等功能,后者包括各种各样的机器设备功能。室内设计的功能性主要表现在两种功能的协调中,设计师有必要在室内的每个部分都将这些因素考虑齐全,尤其是厨房、设备间、卫生间等功能性要求较高的空间,功能性直接影响作业效率,这些空间越是狭小,对功能性的要求就越高。

3. 经济性

由于空间等级的不同,费用支出也有所不同,室内设计的经济性只能根据预算进行考虑。在有关设备的问题上,需要对初期费用和运行费用进行严谨的计算、推敲后再制订设计计划。运行费用包括电费、燃料费等,维修费也包括在内。如果初期费用较少,后期的运行费用就有可能增加。所以,在进行室内设计时有必要好好考虑建筑的使用年限,然后根据需要和目的制定合理的预算。

4. 创造性

创造性是指利用不同色彩、形式、风格、材质的组合,产生新颖别致的室内设计方案。

1)把表现个性美作为前提

功能性确实很重要,但是如果仅停留在"方便、便宜、结实"的层面上,就无法设计出优秀的作品。只有在"表现个性美"的前提下表现美感,才是大众所需要的。从广义上说,色彩、形式、材质也有功能性,但如果更好地利用这些特点,就形成了室内设计的创造性。

2)普遍性和个性(喜好)

对美的感知因时代的不同而有所变化,但是古典美是长盛不衰的。在感受美的基本原则上,加以个性及新鲜感,无论多艺术、多前卫的设计,也会包含最基础的美。

在涉及基本的生活空间时,大多数情况下的设计是保守的。而且,在"特定个人的住宅"这个意义上,室内设计既要有个性的表现,也要有普遍性的表现。

5. 技术性

技术性,主要是指砖缝、对角、压边等衔接处理得好与坏。

1)比较材料和技术

如果因为预算有限,不得已必须有所削减,降低材料的预算是比较可行的选择。有时越是采用低成本且简约的材料来装修,可能越显得有品位。

与材料相比,技术方面是值得投入较多的。比如定制的家具,各个细节的处理都会影响家具的使用寿命。即使两种施工报价之间有 6000 元的差距,可以计算一下 6000 元平均到每天是多少,肯定不会有太大的差距。既然如此,为了更美观、使用寿命更长,多投入一些技术成本,效果肯定会更好。

2)选择专业的团队

虽说现在的施工队中也有技术高超的工匠,但从整体上来说,施工队的人做家具的水平并不高。如果需要定制柜台、架子、房门这些物件,最好还是选择专业的家具公司,因为这些专业公司的技术及五金件的配置更值得信赖。

3) 结合经济性来考虑

虽然不建议压低技术的初期费用,但是设计时可以在运行费用上下功夫。比如,有凹槽的设计很容易堆积垃圾;采用不同的面漆或不同的五金件,污垢的显眼程度也会不同。设计师在选择材料时应该多考虑如何减少今后维修及养护的成本。

三、室内设计的内容分类

室内设计的研究对象简单地说就是建筑内部空间的围合面及内含物。通常习惯把室内设计按照以下标准进行划分。

1. 按设计深度

按设计深度可以把室内设计分为室内方案设计、室内初步设计、室内施工图设计。

2. 按设计内容

按设计内容可以把室内设计分为室内装修设计、室内物理设计(声学设计、光学设计)、室内设备设计(给排水设计,供暖、通风、空调设计,电气、通信设计)、室内软装设计(窗帘设计、饰品选配)等。

3. 按设计空间性质

按设计空间性质可以把室内设计分为居住建筑室内设计、公共建筑室内设计、工业建筑室内设计、农业建筑室内设计。

1) 居住建筑室内设计

居住建筑室内设计主要涉及住宅、公寓和宿舍的室内设计,具体包括前厅、起居室、餐厅、书房、工作室、厨房和浴厕设计。

2) 公共建筑室内设计

文教建筑室内设计:主要涉及学校、图书馆、科研楼的室内设计,具体包括门厅、过厅、中庭、教室、活动室、阅览室、实验室、机房等的室内设计。

医疗建筑室内设计:主要涉及医院、社区诊所、疗养院等建筑的室内设计,具体包括门诊室、检查室、手术室和病房等的室内设计。

办公建筑室内设计:主要涉及行政办公楼和商业办公楼内部的办公室、会议室以及报告厅的室内设计。

商业建筑室内设计:主要涉及商场、便利店、餐饮建筑的室内设计,具体包括营业厅、专卖店、酒吧、茶室、餐厅等的室内设计。

展览建筑室内设计:主要涉及美术馆、展览馆和博物馆的室内设计,具体包括展厅和展廊等的室内设计。

娱乐建筑室内设计:主要涉及舞厅、歌厅、KTV、游艺厅的室内设计。

体育建筑室内设计:主要涉及体育馆、游泳馆的室内设计,具体包括用于不同体育项目的比赛、训练及配套的辅助用房设计。

交通建筑室内设计:主要涉及公路、铁路、水路、民航的配套建筑,具体包括候机楼、候车室、候船厅、售票厅等的室内设计。

3)工业建筑室内设计

工业建筑室内设计主要涉及各类厂房的车间、生活间及辅助用房的室内设计。

4)农业建筑室内设计

农业建筑室内设计主要涉及各类农业生产用房,如种植暖房、饲养房的室内设计。

第二节
室内设计的方法与步骤

一、室内设计的方法

室内设计的方法,这里着重从设计师的思考方向来分析,主要有以下几点。

1. 功能定位、时空定位、标准定位

进行室内环境设计时,首先需要明确的是空间的使用功能,是居住还是办公? 是游乐还是商业? 不同性质和使用功能的室内环境,需要满足不同的使用特点,塑造出不同的环境氛围,例如恬静温馨的居住室内环境,井井有条的办公室内环境,新颖独特的游乐室内环境,以及舒适悦目的商业购物室内环境等。当然,还有与功能相适应的空间组织和平面布局,这就是功能定位。

时空定位就是强调所设计的室内环境应该具有时代气息,满足时尚要求,需要考虑室内环境的位置所在,国内还是国外? 南方还是北方? 城市还是乡镇? 以及设计空间的周围环境和地域文化等。

标准定位是指考虑室内设计、建筑装修的总投入和单方造价标准(指核算成每平方米的造价标准),这涉及室内环境的规模,各装饰界面选用的材质品种,采用的设施、设备、家具、灯具、陈设品的档次等。

2. 从里到外,从外到里

注重对总体与细部的深入推敲,譬如室内设计应考虑的基本要素、设计依据等。先有一个设计的全局观念,这样思考问题和着手设计的起点就高。在进行设计时,必须根据室内空间的使用性质,深入调查,收集信息,掌握必要的资料和数据,从最基本的人体尺度、人流动线、活动范围和特点、家具与设备的尺寸等着手。做到从里到外、从外到里,局部与整体的协调统一。建筑师 A·依可尼可夫曾说过,任何建筑创作,应是内部构成因素和外部联系之间相互作用的结果,也就是"从里到外""从外到里"。

室内环境的"里"与室外环境的"外",它们之间有着相互依存的密切关系,设计时需要从里到外、从外到里多次反复协调,使设计更趋完善与合理。室内环境需要与建筑整体的性质、标准、风格,与室外环境协调统一。

3. 贵在立意创新

设计是创造性劳动,需要有原创力和创新精神,设计的构思、立意至关重要。一项设计,如果没有立意和创新就等于没有"灵魂",设计的难度也往往在于要有一个好的构思。具体设计时意在笔先固然好,但是

一个较为成熟的构思,往往需要足够的信息量,有商讨和思考的时间,因此也可以边动笔边构思,即所谓笔意同步,在设计前期和出方案过程中使立意、构思逐步明确。但关键仍然是要有一个好的构思,也就是说在构思和立意中要有创新意识。

对于室内设计来说,正确、完整,又有表现力的构思和意图,使建设者能够通过图纸、模型、说明等全面了解设计意图,这是非常重要的。在设计投标竞争中,图纸的完整、精确、优美是第一步,因为图纸表达是设计师的语言,一个优秀室内设计方案的内涵和表达应该是统一的。

二、室内设计的步骤

根据室内设计的进程,通常可以将其分为四个阶段,即设计准备阶段、方案设计阶段、施工图设计阶段和设计实施阶段。

1. 设计准备阶段

设计准备阶段主要是接受委托任务书,签订合同,或者根据招标要求参加投标;明确设计期限并制定设计进度安排,考虑各有关工种的配合与协调。

明确设计任务和要求,如室内空间的使用性质、功能特点、设计规模、等级标准、总造价,需创造的室内环境氛围、文化内涵或艺术风格等。

熟悉设计有关的规范和标准,收集分析必要的资料和信息,包括对现场的踏勘以及对同类型设计实例的参观等。

签订的合同或制定的投标文件,还应包括设计进度安排,设计费率标准,即设计费占室内装饰总投入资金的百分比(一般由设计单位根据设计的性质、要求、复杂程度和工作量提出设计费率,通常为 4％～8％,最终与业主商议确定)。收取的设计费,也有按空间规模来计算的,即按每平方米的设计费乘以总工程面积来计算。

2. 方案设计阶段

方案设计阶段是在设计准备阶段的基础上,进一步收集、分析、运用与设计任务有关的资料和信息,构思立意,进行初步方案的设计,进行方案的分析与比较。

确定初步设计方案,提供设计文件,文件通常包括:

(1)平面图(包括家具布置),常用比例为 1∶50,1∶100;

(2)室内立面展开图,常用比例为 1∶20,1∶50;

(3)仰视图(包括灯具、风口等布置),常用比例为 1∶50,1∶100;

(4)室内透视图(彩色效果);

(5)室内装饰材料实样及图纸(墙纸、地毯、窗帘、室内纺织面料、地面砖及石材、木材等均用实样,家具、灯具、设备等用实物照片)。

初步设计方案经审定后,方可进行施工图的设计。

3. 施工图设计阶段

施工图设计阶段需要补充施工必需的平面布置、室内立面和平顶等图纸,还包括构造节点详图、细部大样图以及设备管线图,并编制施工说明和造价预算。

4. 设计实施阶段

设计实施阶段即工程的施工阶段。室内工程在施工前,设计师应向施工单位进行设计意图说明及图纸的技术交底;施工期间需按图纸要求核对施工实况,有时还需根据现场实况提出对图纸的局部修改或补充(由设计单位出具修改通知书);施工结束时,质检部门和建设单位进行工程验收。

为了取得预期效果,室内设计师必须抓好每一个阶段的工作,充分重视设计、施工、材料、设备等各个方面,重视与建筑物的建筑设计、设施设计(水、电等设备工程)的衔接,同时还需协调好与建设单位和施工单位的关系,在设计意图和构思方面取得沟通与共识,以期取得理想的设计实施效果。

▼

第三节
室内设计的风格与流派

▲

在学习如何进行室内设计之前,应该对室内设计的风格演变与流派发展有一定了解,从而更好地进行设计。本节以较有代表性的实例为参考,着重讲解传统风格、现代风格、后现代风格、自然风格、混合型风格以及室内设计的流派。

室内设计的风格属于室内环境中的艺术与精神范畴,是某种特定的表现形式,它的形成依赖于内在因素和外在因素的共同作用。内在因素主要表现在室内设计师的个人才能与修养上;外在因素主要包括地域特征、社会人文特征、时代特征、科技发展等。需要注意的是,风格虽然主要表现为形式,但它绝不仅仅等同于或者停留于形式。

从室内设计的发展历史来看,室内设计的风格主要有传统风格、现代风格、后现代风格、自然风格和混合型风格等。

一、传统风格

传统风格是现代人追求复古的常用风格,它能够给人以延续历史文脉、体现浓厚民族特征的感受。虽然是复古,但传统风格并不只是简单地复制传统符号,而是在室内空间布置、形态、色调、材质、家具以及陈设等方面,由表及里,吸取传统养分。传统风格主要包括中国传统室内装饰风格、西方传统室内装饰风格两种。

1. 中国传统室内装饰风格

中国传统室内装饰风格受建筑的影响,在空间布局方面更加注重内外空间的关联性。依托建筑,借助不同形式的门、窗、走廊等结构构件,通过通透、过渡、视觉延伸、借景、隔景、障景、漏景等空间组织手法,将室外的自然环境与室内空间很好地结合在一起。中国传统室内空间受传统建筑基本单位"间"的影响,在内部空间布局上受到一定的制约,因此,中国传统室内装饰风格更加注重空间设计方法,通过借助隔扇、罩、帷幕、博古架、屏风、屏板等空间分隔物围合空间,使空间虚实多变,层次丰富,并且常采用中轴对称的空间布

局方法,如图1-4所示。中国传统室内装饰风格受到儒家思想的深远影响,更加注重室内装饰和陈设等各要素的艺术品位,要求能够体现主人的精神品位和社会地位。受中国传统艺术表现形式的影响,中国传统室内装饰在装饰陈设方面主要采用两种方法:一是运用传统书法、绘画、各类手工艺器皿、盆景、家具、雕刻等装饰手法对室内界面进行装饰;二是对建筑构件进行适当装饰,注重功能、结构、技术与形式美的巧妙结合,如对梁、枋、藻井等建筑构件进行适当彩绘,结合建筑构件的功能与装饰价值,体现了形式和内容的统一。另外,中国传统室内装饰风格比较强调人的精神和心理方面的需求,注重通过形声、形意、符号等象征手法激发人的联想,体现人们对空间意境的美好追求。

图1-4　韩熙载夜宴图

2. 西方传统室内装饰风格

西方传统室内装饰风格中最具代表性的有以下几种:哥特式室内装饰风格、欧洲文艺复兴室内装饰风格、巴洛克室内装饰风格、洛可可室内装饰风格、新古典主义室内装饰风格、维多利亚室内装饰风格、日本传统室内装饰风格、伊斯兰传统室内装饰风格。

1)哥特式室内装饰风格

哥特式室内装饰风格产生于12世纪中叶,经历全盛的13世纪,至15世纪随着文艺复兴的兴起而衰落。由于这段时期基督教和教皇主宰一切,因此建筑成就主要集中于教堂建筑。为了配合基督教发展的需要,其建筑及室内装饰风格突出了"仰之弥高"的精神,强调纵向的线条美和升腾感,清冷高耸。随着新技术的发明和应用,建筑和室内空间设计都有了质的飞跃。石扶壁与飞扶壁的产生,在成就中世纪大教堂外部显著特征的同时,也给内部空间带来了前所未有的突破,开窗面积逐渐增大直至充满两柱之间,这也为绘满圣经故事的彩色玻璃花窗的出现提供了可能,阳光透过五彩的玻璃窗,惟妙惟肖地讲述着窗上绘制的圣经故事。

源自东方的尖券的使用是哥特式室内装饰风格的又一显著特点。尖券大量地应用于玻璃窗、门窗的开口及室内家具和各种装饰物细部,为直线形式的出现提供了更多的可能性,同时也对增大教堂空间和统一空间效果起到一定的作用。例如,英国韦尔斯大教堂的内部结构就进行了大胆的探索和尝试,在顶部构造的十字交叉处,每一个跨距都有两个特大型的尖券,造型独一无二,如图1-5所示。

支柱强调垂直直线形式,逐渐消失的柱头与延伸下来的骨架券形成独特的毫无装饰的支柱。另外,哥特式室内装饰风格主要采用三叶式、四叶式、卷叶形花饰,兽类以及鸟类等自然形态作为设计元素。

图1-5　韦尔斯大教堂的尖券

2)欧洲文艺复兴室内装饰风格

文艺复兴始于14世纪的意大利,后来逐渐遍及整个欧洲,其意为再生、复兴之意。确切地说,文艺复兴并非对古希腊、古罗马文化的简单再生和复制,而是通过学习和研究,对古希腊、古罗马的文化和秩序进行再认知与综合。因此,它有别于后来的复古主义和折中主义。

由于文艺复兴对人性的关注,这一时期的建筑及室内装饰成就主要体现于宗教建筑和世俗建筑,古典柱式被重新采用和发展;几何图形再次被作为母题广泛应用于室内装饰中,运用古代(如山花、涡卷花饰等)建筑样式,但又能够与新技术、新结构巧妙结合,创造出不同凡响的效果,如图1-6所示。室内装饰开始采用人体雕塑、大型壁画和线形图案的锻铁饰件,室内家具造型完美、比例适度。文艺复兴是对14—16世纪欧洲文化的总称,欧洲各国的文艺复兴室内装饰风格又都有着自己的特色。

值得一提的是,由于对人文主义的强调,人作为个体跳出中世纪神学与教会的枷锁,个人成就在文艺复兴时期凸显出来,产生了如米开朗琪罗、伯鲁乃列斯基、达·芬奇等建筑艺术领域的杰出人物。思想的解放为建筑理论的产生提供了良好的土壤,产生了大量有价值的理论成果,使得文艺复兴时期成为建筑理论发展的重要阶段。例如,达·芬奇创建的以解剖学为基础的建筑空间透视图素描技巧、提出的集中式建筑理念及绘制的理想人体比例图;又如,当时很多著作中都提到采用平面图与立面图上下对齐,同时辅以剖面图和透视图的综合表现方式来表达设计意图,这种表达方式的运用有利于扩展空间理解能力;再如,人们在建筑及室内设计的过程中更加注重发挥建筑模型的作用。

图 1-6　欧洲文艺复兴室内装饰风格

3)巴洛克室内装饰风格

随着社会的发展,文艺复兴末期人们对室内装饰投入的热情逐渐大于对建筑本身投入的热情,形式主义得到了发展,并逐步进入了一个流派众多、纷繁复杂的时期。产生于意大利,以自由奔放、充满华丽装饰和世俗格调的巴洛克室内装饰风格因最能够迎合当时天主教会和各国宫廷贵族的喜好而得到了发展,从而打破了人们对古典的盲目崇拜。

巴洛克室内装饰风格注重造型变化,多采用椭圆形、曲线与曲面等生动的形式,装饰手法朝着多样化和融合性发展,将建筑空间、构件与绘画、雕塑等艺术表现手法巧妙结合,创造出更加生动的、有机的装饰手法。

这时期的成就主要集中于天顶画,通过彩绘与灰泥雕刻相结合的手法,创造亦幻亦真的拱顶镶板画、透视天棚画等,如科尔托纳主持设计的巴尔贝尼宫,其室内装饰中的天顶画给人们留下了难以磨灭的印象,如图 1-7 所示。巴洛克室内装饰风格在色彩方面以纯色为主,同时用金色协调,以金银箔、宝石、纯金、青铜等贵重材料营造华贵富丽之感,墙面多采用名贵木材进行镶边处理,造型复杂精致,整个室内空间端庄华贵,体现人们对美好生活的追求,如图 1-8 所示。

4)洛可可室内装饰风格

17 世纪末到 18 世纪初,洛可可风格占据主导地位,室内装饰开始倾向于追求华丽、轻盈、精致。洛可可一词是岩石和贝壳的意思,主要表明该装饰风格的自然特征。

洛可可室内装饰风格没有强调任何母题,从总体上看,室内设计更加趋于平面化,缺乏立体感。首先,墙面的装饰设计成为主要部分。墙面以大量经过精美线脚和花饰巧妙围合装饰的镶板或镜面进行装饰,整面墙体充满装饰元素,令人目眩神迷。线脚及壁画等设计均采用自然主义题材,缠绕的草叶、贝壳和棕榈随处可见。天顶画仍占有重要地位,但相较于巴洛克时期气势宏伟的天顶画,洛可可时期的天顶画突出的是田园气息,常常以蓝天、白云、枝叶等来烘托室内温柔甜美的气氛。整个室内空间装饰主要采用绘画和浅浮雕相结合的手法,造型变化丰富却无雕塑的厚重感,整体平面化给人一种轻盈的感觉;色彩上多采用嫩绿、粉红、玫红、天蓝等颜色,强调田园自然风格,线脚和装饰细节则多采用金色协调整体色调。

图 1-7　巴尔贝尼宫天顶画

图 1-8　巴尔贝尼宫内部

其次,洛可可室内装饰风格十分注重繁复精细的效果,因此,除了在界面装饰中大量运用镜面和抛光石材外,还大量选用如玻璃晶体吊灯、瓷器、金属工艺品等能够产生反光效果的陈设品,如图 1-9 所示。洛可可室内装饰风格十分注重线形的设计与应用,无论是围合的线框还是家具线脚,常采用回旋曲折的贝壳曲线和精巧纤细的雕饰。例如,围合绘画作品以及镜面的线框并不都是直线装饰,而是以弯曲柔美的曲线较为多见;又如,桌椅的弯脚设计,柔美灵巧。这一时期,人们具有浓厚的东方情节,因此东方的纺织品和中国陶瓷也是洛可可室内装饰风格选用较多的陈设品。

5)新古典主义室内装饰风格

启蒙思想运动的开展,公众对矫揉造作的巴洛克、洛可可风格的厌倦,考古界对古典遗址的再次发掘,这些内在和外在的因素推动了人们对于古典文化的重新认识和再次推崇。

新古典主义室内装饰风格虽然注重以古典美作为典范,但是更加注重现实生活中的功能性,整个室内空间设计体现出庄重、华丽、单纯的格调。其风格意图从古典美的逻辑规律和理性原则中寻求精神的共鸣与心灵的释放,以简洁的几何形和古典柱式作为设计的母题。在功能空间的布局上,更加符合人们对于空间的使用要求,力求布局舒适,功能合理。

图 1-9　洛可可室内装饰风格

6）维多利亚室内装饰风格

维多利亚室内装饰风格是因英国维多利亚女王而得名，其在位的近一个世纪里欧美国家流行的风格被统称为维多利亚风格。因其覆盖面广和近一个世纪的发展，所以维多利亚风格所呈现的具体风格样式并不是统一的，而是体现为各种欧洲古典风格的折中主义，同时受资产阶级利益驱使仍追求烦琐华贵的装饰手法。

折中主义追求形式的外在美，注意形体的表达，讲究比例，对于具体的装饰手法和表现语言却没有严格的固定程式，反而任意模仿历史上的各种风格，或对各种风格进行自由组合。这一时期的折中主义在某种程度上体现了人们对于创新的需求和美好的愿望，促进了新观念、新形式的产生。

7）日本传统室内装饰风格

日本传统室内装饰风格最引人瞩目的是始终坚持与自然环境保持协调关系。日本人秉承的自然观特别强调人应该作为自然的一部分，进而融入自然，因此，非常重视建筑物周围自然景物的设计及室内空间环境与自然景物的关系。日本传统室内装饰风格简朴，不过多陈设家具，注重细节设计。日本镰仓、室町时代的住宅由寝殿造（是指日本早期飞鸟、奈良、平安时代出现的房屋整体空间布局对称，没有固定墙壁，只有活动拉门的住宅样式）向书院造过渡，这也是今天盛行的日本和风设计的渊源。室内空间更加开阔、空间划分更加灵活、室内装饰仍以简朴清雅为主，只在押板和违棚以悬挂字画和摆放插花等作为装饰。日本传统室内装饰风格以一叠"榻榻米"作为单位，这也是日本和风室内装饰的重要元素之一，如图1-10所示。

8）伊斯兰传统室内装饰风格

伊斯兰教与佛教、基督教并称为世界三大宗教，其文化艺术在继承古波斯传统的基础上，又吸取了西方的希腊、罗马、拜占庭以及东方的中国、印度的文化艺术，形成了独一无二的伊斯兰文化。伊斯兰建筑的主要成就集中于清真寺，另外还有宫殿和陵墓。清真寺在建筑上的特点主要集中于礼拜堂圆穹顶及高耸的宣礼塔。其室内装饰特点主要有以下两个方面：

（1）室内空间通过拱券和穹顶变得更加灵活丰富。拱券主要有双圆形、马蹄形、海扇形、复叶形、火焰式等，这些拱券在重叠使用时能够产生蓬勃升腾的气势。

（2）室内墙面上采用大面积手法多样的表面装饰，装饰图案丰富多样，主要有以直线为基础的几何形图案，以阿拉伯字母为基础变形的花体书法，以曲线为图案基础的波浪或涡卷形式。需要注意的是，早期伊斯兰文化受拜占庭的影响装饰题材比较自由，但后来教规严禁以人物和动物为装饰题材，如图1-11所示。

伊斯兰传统室内装饰风格的装饰手法也较为多样，如在抹灰的墙上进行粉画绘制，又如趁湿在较厚的灰浆层上模印图案，或者用砖直接垒砌出图案和花纹等。

图 1-10　日式候茶席

图 1-11　清真寺内部空间装饰

二、现代风格

1. 新艺术运动室内装饰风格

从某种意义上说,新艺术运动室内装饰风格是真正的创新。它以一种全新的装饰手法,借助工业时代的新技术、新材料,完全摒弃了古典和传统。这种全新的手法运用抽象的图案模仿自然界草本花卉形态的曲线,注重线条的流畅与柔美,对曲线的应用深入到每个细节,如建筑构件、家具、陈设及界面装饰等各个方面,体现了"曲线美胜于一切"的理念。

比利时建筑师维克多·奥尔塔和西班牙的设计师是这一风格的领军人物。维克多·奥尔塔在布鲁塞尔的都灵路 12 号住宅设计中,突出曲线和标新立异的造型,缠绕盘结在两柱上的铁质卷须造型,形象流畅、趣味盎然。这种缠绕的卷须造型在墙面、地面及部分构件的装饰中都有运用。安东尼奥·高迪的设计作品与奥尔塔的风格不同,他更善于将建筑和室内空间看作剧场的舞台,注重造型及雕塑方面的戏剧性效果。这种风格不但体现在建筑外形、室内空间上,同时还表现在家具和固定构件等部位,如卡尔维特之家的家具设计,造型气韵流动。值得一提的是,设计师将光怪陆离的造型手法和具体功能很好地结合起来,如卡尔维特之家餐厅门上的数字设计及金属门把手设计,如图 1-12 所示。

2. 包豪斯室内装饰风格

现代主义风格起源于 1919 年包豪斯学派的成立,以瓦尔特·格罗皮乌斯创建于德国魏玛的包豪斯学校得名。包豪斯学校被称为 20 世纪最具影响力,同时也是最具争议的艺术学校,但于 1933 年被对现代主义极端排斥的纳粹分子关闭。20 世纪以来,欧美发达国家的工业技术发展迅猛,为艺术文化领域的变革提供了物质基础,现代主义应运而生,它主张设计应该满足时代的要求,应该为广大民众服务,实现其最大价值,而不应只作为少数人的陈设赏玩存在。

包豪斯室内装饰风格造型简洁,能够与工业化批量生产相适应,这样才能更好地使设计服务于广大民众。设计领域也从过去的宗教建筑、世俗建筑、贵族的陈设品扩展到大众生活的方方面面,瓦尔特·格罗皮乌斯和汉斯·迈耶共同设计的法古斯工厂如图 1-13 所示。

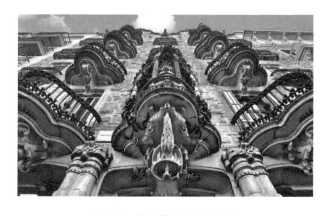

图 1-12　卡尔维特之家(高迪)　　　　　　　图 1-13　法古斯工厂

包豪斯室内装饰风格注重功能空间的结合,结构与审美的组合,艺术与技术的统一。整个室内空间及内部家具等造型简洁,去除多余装饰。包豪斯室内装饰风格认为,合理的功能空间组织、工艺构成、材料性

能才是设计的根本;在现代教育理念方面,主张设计与工业生产相结合,学生应该在做中求学。这时的主要代表人物有建筑师瓦尔特·格罗皮乌斯、密斯、赖特、汉斯·迈耶,家具设计师马谢·布鲁尔,以及教育先驱纳吉和瓦西里·康定斯基等。

现代主义各种风格的产生和发展与优秀的建筑师和设计师分不开。他们在整个现代主义的时代背景下,通过个人多年的研究、实践及人生机遇,逐渐形成了其个人的、独特的设计风格。

1)赖特室内装饰风格

图 1-14　流水别墅

赖特室内装饰风格得名于建筑师弗兰克·劳埃德·赖特,早期,他提出了具有自然风格倾向的"草原风格",主张建筑首先应该与周围环境相融合,即使造型新颖它也应该是环境的一部分。赖特强调室内明亮宽敞,通常很少装饰,建筑的内外应该是相互渗透的、有机联系的。晚年时期,赖特仍然坚持"建筑设计和室内设计是环境的一部分"这一设计理念,但室内设计更加强调对自然有机物的研究和深刻理解,其晚年大多数作品的灵感都来源于大自然。赖特认为"有机建筑是由内而外的建筑,它的目标是整体性,有机表示的是内在,是哲学意义上的整体性"。秉承这一理念,其建筑设计体现了由内而外的、形式和功能合一的特点,形成一条完全不同的设计道路,如流水别墅(见图 1-14)、古根海姆博物馆、约翰逊制蜡公司办公楼等。为了寻求内外风格的统一,设计师除设计建筑、室内空间外,还对室内陈设品进行了相应的设计,如家具、灯具等。由于赖特自始至终都强调建筑和室内设计是环境的一部分,因此,其设计作品中具有很强的场所精神,更能植根于环境,是如同植物般生长于大地上的建筑。

2)勒·柯布西耶室内装饰风格

法国建筑师勒·柯布西耶是现代主义先驱之一,他是现代主义大师中论述最多、最全面的,同时也是集绘画、雕塑和建筑艺术于一身的大师。早期,他提出住宅应该是"居住的机器",应该将美学与技术相结合,应该体现时代精神,应该是由内到外的设计。体现其早期设计理论的作品萨伏伊别墅,被认为有着重要的历史意义,是对现代主义建筑的良好总结。之后,人们便用以下标准来衡量和界定现代主义建筑:

(1)建筑底层采用独柱进行架空;

(2)外立面上具有水平的横向长窗;

(3)建筑具有自由的平面,建筑的框架结构允许使用者按自己的需要和意愿进行自由组合和划分;

(4)整个建筑外立面具有自由的立面形式,外墙不是整体式的,可以分为窗户和其他一些必要的部件,即可以采用虚实变化的设计形式;

(5)由于建筑本身占用了绿化面积,因此,在屋顶设置花园,体现现代建筑亲近自然的人性关怀。

勒·柯布西耶晚年的作品更具粗野主义和宗教神秘主义的风格,如朗香教堂(见图 1-15),无论是建筑外形还是内部空间,或是内部陈设装饰,都表现了设计师独特的设计能力。

图 1-15　朗香教堂

3)密斯·凡德罗室内装饰风格

密斯·凡德罗曾于 1930—1933 年担任包豪斯学校校长,是国际主义的领军人物。密斯通过不断探索、总结、尝试,提出了著名的"少就是多"的设计理念,他早期的巨作巴塞罗那博览会德国展览馆(见图 1-16),充分体现了他在空间设计方面的超凡能力,同时体现了"少就是多"的设计理念,整个展览馆去除掉多余的装饰、复杂的陈设、刻意的变化,墙体和结构设计恰到好处,观众游走于其中,视线开合有序,整个设计在静态中展现了空间的连贯性和富于变化的流动性,充分体现了"流通空间"和"全面空间"的空间设计理念。"少就是多"理念影响了整个现代主义和国际主义,"少"并非空白,而是通过简洁的形式语言赋予设计最完美的表现。密斯对于"少"的处理手法突出表现于空间与细部处理两方面,这使得如钢材、玻璃等现代的、冰冷的材质在密斯的建筑设计中充满生机与活力。

密斯还对家具设计十分感兴趣,他设计的巴塞罗那椅(见图 1-17)、镀铬钢管椅、"先生"椅至今仍在现代家具设计中占据一席之地。

图 1-16　巴塞罗那博览会德国展览馆

图 1-17　巴塞罗那椅

三、后现代风格

"后现代"一词最早由西班牙作家德·奥尼斯在其《西班牙与西班牙语类诗选》一书中提出,用以描述现代主义内部发生的逆变。后现代主义被发展为建筑理论基础,还要归功于建筑大师罗伯特·文丘里,他在

1966 年的《建筑的复杂性与矛盾性》一书中提出,现代主义过于崇拜的理性的、逻辑的理念是对建筑和设计的人情味及生活化的扼杀,最终导致建筑设计的乏味,使人们产生视觉甚至身心的疲劳。后现代主义的建筑风格和室内装饰风格与现代主义是完全不同的,它从现代主义和国际风格的土壤中衍生出来,却对这些进行了彻底的反思、批判和修正,是某种程度的超越。这种超越和修正并没有明确的界限,因此在后现代风格的统领下,又存在着不尽相同的多种立足点和表现特征。(见图 1-18)

　　戏谑的古典主义是对现代主义和国际主义理性的、逻辑的批判,属于后现代主义的范畴。戏谑的古典主义室内装饰风格充满了游戏、调侃的色彩,将不同历史时期、不同地域、不同国家的语言和符号组合在一起,使得室内空间更具有喜剧感和象征性。具体手法有扭曲、变形、断裂、错位和夸张等。

　　后现代风格的设计采用大胆、夸张的设计语言,运用适当的比例、尺度、符号等,注意细节装饰,有时采用折中主义手法,使得设计内容更加丰富,整体室内装饰风格更加多元。后现代风格代表人物有罗伯特·文丘里、格雷夫斯、约翰逊和汉斯·霍拉因等。

四、自然风格

　　现代人在高科技、快节奏的社会中工作和生活,长时间被钢筋混凝土包裹,进而迫切想回归自然,追求身心自由。人们向往室外大自然的清新气息,追求朴素的设计风格和理念。自然风格的室内设计满足了人们追求自然美和自然情趣的需求。自然风格的室内设计中,无论是对界面的设计还是对陈设品的设计选用,通常都采用如木、石、竹、藤、麻等天然材质来完成,并尽量体现它们天然纹理的美感。

　　此外,自然风格的室内设计还喜欢通过模拟某一地域的自然特征或将自然物引入室内来体现整个室内空间的自然趣味,具体可以通过具象和抽象两种手法来完成。例如,在室内引入具象的树木、竹子、山石等,也可通过现代技术和材料以抽象的形式营造自然情趣,如图 1-19 所示。

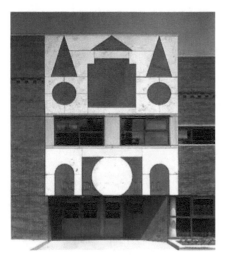

图 1-18　普林斯顿胡应湘大楼(文丘里)　　　　图 1-19　自然风格的餐厅设计

　　虽然手法多样,但最终都是追求"回归自然",满足人们心理和生理的需要。田园风格由于设计宗旨和手法与自然风格相似,因此也常被归为一类。

　　对自然风格的追求,还存在地域特征。不同地域、不同民族的人们对自然的理解和审美存在着一定的民族性差异。例如,东方和西方对自然的审美存在着差异,中国的西藏、云南和江南地区的人们在自然审美方面也存在着一定差异。这就需要将"乡土风格""地方风格"和"自然风格"有机地结合在一起。

五、混合型风格

混合型风格是随着现代室内设计多元化的发展趋势应运而生的。混合型风格的室内设计是在确保使用功能的前提下,采用多种手法对古今中外的各种风格进行混搭糅合,以突出创新,产生丰富的格调。这种风格类似于折中主义的设计风格,注重比例尺度和细节推敲,追求形式美感。

六、室内设计的流派

随着室内设计与建筑设计逐渐分离,20 世纪后期,室内设计获得了前所未有的发展,呈现出欣欣向荣的景象。

1. 高技派

高技派是随着科学技术的发展而出现的,高技派主张室内空间要充分体现现代科学技术及新工艺、新材料的应用,将体现机械美作为室内设计的宗旨。高技派的室内设计除大量采用高强度钢、高强度玻璃、硬铝、合成材料等新材料外,还十分注重通过细节表现科技感,常采用内部结构外露的方法,给人以技术和科技充斥于每个角落的感觉。为了体现结构和技术,围合空间的各界面常采用透明和半透明材料以达到理想的透视效果,如采用透明材质对电梯和自动扶梯的传送装置进行处理。高技派的代表作有法国的现代阿拉伯世界研究中心、巴黎蓬皮杜艺术中心(见图 1-20)、香港汇丰银行(见图 1-21)。

图 1-20　巴黎蓬皮杜艺术中心　　　　　　图 1-21　香港汇丰银行

2. 解构主义

解构主义始于 20 世纪 80 年代后期,是对正统设计理念和设计准则的批判与否定。其设计常采用扭曲、错位、变形、夸张、肢解、重构等手法,使整个室内空间表现出失衡、无序、突变、动态。解构主义室内空间常表现为富于变化和错综复杂,构成这种复杂性的元素以无关联的片段形式进行堆叠,没有一般意义上的秩序感和合理性。由于设计手法凸显冲突和突变,因此解构主义的室内空间更加具有喜剧效果,更具有感

染力。由于解构主义并不依从于传统的设计理念和原则,所以更能体现设计师的个人风格。例如,弗兰克·盖里设计的盖里住宅(见图 1-22)、西班牙古根海姆博物馆、美国洛杉矶迪斯尼音乐厅等。英国女建筑师扎哈·哈迪德也是解构主义的代表人物,其代表作有日本札幌文松酒吧、维特拉消防站(见图 1-23)、辛辛那提当代艺术中心等。

图 1-22　盖里住宅　　　　　　　　　　图 1-23　维特拉消防站

3. 极简主义

极简主义主张室内空间的单纯、抽象,认为在满足功能需要基础上的"少"才是室内设计的真谛。极简主义的室内设计十分重视对室内空间每个构成要素的尺度把握和形体塑造,力求以简单的、规则的或不规则的几何形式构造简洁明了的有序的空间形象。由于设计中强调形体的单纯和抽象,所以色彩和材质的合理运用、光与影的协调就成为诠释和丰富空间形象的最好方法。极简主义室内空间常给人安静闲适的感觉,整个空间具有雕塑感和构成感,例如,法国的拉皮鲁兹酒店(见图 1-24)和日本的 Itchoh 吧。

图 1-24　拉皮鲁兹酒店

4. 超现实派

超现实派的室内设计以超越理性客观存在的纯艺术手法来设计空间,以满足人们心理和视觉上的猎奇。在室内设计中常独出心裁,多采用古怪荒诞的造型和寓意创造奇幻的空间效果,使人产生置身于舞台的感觉。设计中大胆运用悖于逻辑的方式,利用照明、色彩和材质烘托气氛,例如将毛皮用于顶面装饰等。总之,超现实派的室内空间尽可能地采用超乎想象的方式进行设计。如图 1-25 所示。

5. 白色派

白色派室内设计是以室内大面积采用白色而得名的。室内背景色中除地面不受色彩限制外,其他均为白色,这样的背景色能够给室内空间中的陈设品提供展示的舞台。由于以白色为基调色,因此,光线对空间表现起着重要的作用。早期的白色派室内设计简洁朴实,随着经济和社会的发展,人们更多地倾向于将白色与其他色彩进行搭配,如图 1-26 所示。

图 1-25 超现实派室内设计

图 1-26 托斯卡纳的牙医之家

第二章
室内设计与相关学科

室内设计是一门综合性学科，兼具艺术性和科学性。作为一名合格的室内设计师，除了应该掌握大量的设计理论以外，还要不断学习其他学科中的有益知识，使自己的设计作品具有丰富的科学内涵。人体工程学、环境心理学、环境生态学等学科与室内设计关系密切，对于创造宜人舒适的室内环境具有重要的意义，设计师应该对这些学科的知识有所了解。

第一节
室内设计与人体工程学

人体工程学是一门独立的现代新兴学科，它的学科体系涉及人体科学、环境科学、工程科学等诸多门类，内容十分丰富，其研究成果已开始被广泛应用在人类社会生活的诸多领域。人体工程学是以生理学、心理学等学科为基础，研究如何使人－机－环境系统的设计符合人的身体结构和心理特点，以实现人、机、环境之间的最佳匹配，使处于不同条件下的人能有效、安全、健康和舒适地进行工作与生活的科学。人体工程学为设计中考虑"人的因素"提供人体尺寸参数，为设计中"物"的功能合理性提供科学依据，为设计中考虑"环境因素"提供设计准则，为设计人－机－环境系统提供理论依据。室内设计的服务对象是人，设计时必须充分考虑人的生理、心理需求，而人体工程学正是从关注人的角度出发来研究问题的学科。因此，室内设计师有必要了解和掌握人体工程学的有关知识，自觉地在设计实践中加以应用，以创造安全健康、便利舒适的室内环境。

一、人体工程学的起源和历史

人体工程学是研究人、机、环境之间的相互关系、相互作用的学科。人体工程学起源于欧美，时间可以追溯到 20 世纪初期，最初是在工业社会中，广泛使用机器设备实行大批量生产的情况下，探求人与机械之间的协调关系，以改善工作条件，提高劳动生产率。第二次世界大战期间，为充分发挥武器装备的效能，减少操作事故，保护战斗人员，在军事科学技术中开始探索和运用人体工程学的原理和方法。例如，在坦克、飞机的内舱设计中，要考虑如何使人在舱体内部有效地操作和战斗，并尽可能减少人长时间处于狭小空间的疲劳感，即处理好人—机（武器）—环境（内舱空间）的协调关系。第二次世界大战后，欧美各国进入了大规模的经济发展时期，各国把人体工程学的研究成果迅速有效地运用到空间技术、工业生产、建筑及室内设计等领域中，人体工程学得到了更大的发展。1961 年国际人类工效学协会（International Ergonomics Association，IEA）正式成立。

当今社会已经进入信息时代，各行各业都重视以人为本、为人服务。人体工程学强调从人自身出发，在以人为主体的前提下，研究人们衣、食、住、行及一切生活、生产活动，并进行综合分析，符合社会发展的需求。人体工程学在各个领域的作用越来越显著。

二、人体工程学的定义

IEA 为人体工程学所下的定义被认为是最权威、最全面的，即人体工程学是研究人在某种工作环境中的解剖学、生理学和心理学等方面的各种因素，研究人和机器及环境的相互作用，研究在工作中、家庭生活

中和休闲时怎样统一考虑人的健康、安全和舒适等问题的学科。

结合我国人体工程学发展的具体情况,并联系室内设计,可以将人体工程学定义为:以人为主体,运用人体测量学、生理学、心理学和生物力学等学科的研究手段和方法,综合研究人体结构、功能、心理、力学等方面与室内环境各要素之间的协调关系,使室内设计适合人的身心活动要求,其目标是服务于人的安全、健康、高效和舒适。

人体工程学及其相关学科和人体工程学中人、机、环境的相互关系如图 2-1 和图 2-2 所示。

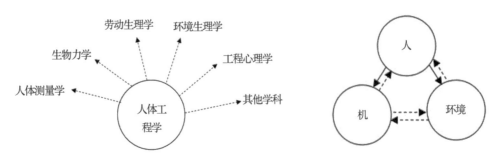

图 2-1　人体工程学及其相关学科　　　　图 2-2　人体工程学中人、机、环境的相互关系

三、人体尺寸

人体测量及人体尺寸是人体工程学中的基本内容,各国的研究工作者都对自己国家的人体尺寸做了大量调查与研究,发表了可供查阅的相关资料及标准,以下就人体尺寸的一些基本概念和基本应用原则予以介绍。

1. 静态尺寸和动态尺寸

人体尺寸可以分成两大类,即静态尺寸和动态尺寸。静态尺寸是被试者在固定的标准位置所测得的躯体尺寸,也称结构尺寸。动态尺寸是在活动的人体条件下测得的躯体尺寸,也称功能尺寸。虽然静态尺寸对某些设计来说具有很好的参考意义,但在大多数情况下,动态尺寸的用途更为广泛。

在运用人体动态尺寸时,应该充分考虑人体活动的各种可能性,考虑人体各部分协调动作的情况。例如,人体手臂的活动范围绝不仅仅取决于手臂的静态尺寸,必然受到肩的运动和躯体的旋转等情况的影响。因此,人体手臂的动态尺寸远大于其静态尺寸,这一动态尺寸对于大部分设计任务而言更有参考意义。采用静态尺寸,会使设计的关注点集中在人体尺寸与周围边界的静止状态,而采用动态尺寸则会使设计的关注点更多地集中于操作功能上。

1)我国成年人人体静态尺寸

《中国成年人人体尺寸》(GB10000-1988)是 1989 年 7 月开始实施的我国成年人人体尺寸国家标准。该标准共提供了七类共 47 项人体尺寸基础数据,标准中所列出的数据代表从事工业生产的法定中国成年人(男 18～60 岁,女 18～55 岁)的人体尺寸,并按男、女性别分开列表。我国地域辽阔,不同地域的人体尺寸有较大差异。

2)我国成年人人体动态尺寸

动态尺寸是在被测对象做一定动作的条件下测量的,是人体活动空间和运动范围的尺寸,对于设计尺度的确定有重要的参考作用。如图 2-3 所示是人体立姿活动空间,粗实线表示站立人体的轮廓,虚线表示上身运动的侧转和前弯空间,点划线表示四肢运动的空间,细实线表示上身和四肢一起运动的空间。所以,设计之前我们要分析人体动作的特点,确定动作范围。如图 2-4 所示为人体坐姿活动空间,如图 2-5 所示为人体单腿跪姿活动空间,如图 2-6 所示为人体仰卧活动空间。我们要根据不同的作业情况来提取对应的数据进行室内设计。

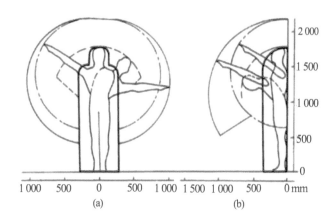

图 2-3　人体立姿活动空间

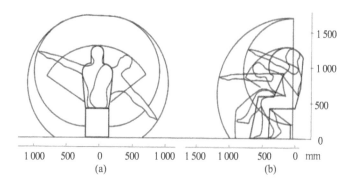

图 2-4　人体坐姿活动空间

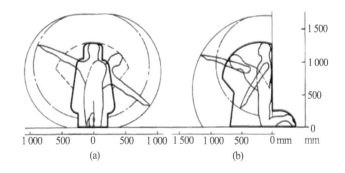

图 2-5　人体单腿跪姿活动空间

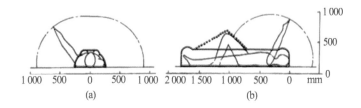

图 2-6　人体仰卧活动空间

2. 人体尺寸的应用

图 2-7 所示为我国成年人不同人体身高占总人数的比例,图中阴影部分是设计时可供考虑的身高幅度。从图中可看到,可供参考的人体尺寸是在一定的幅度范围内变化的,因此,在设计中究竟应该采用什么范围的尺寸就成为一个值得探讨的问题。一般认为,针对室内设计中的不同情况可按以下三种人体尺寸来考虑:

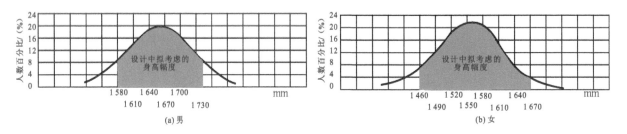

图 2-7　我国成年人不同人体身高占总人数的比例

(1)按较高人体高度考虑空间尺度,如楼梯顶高、栏杆高度、阁楼及地下室净高、门洞的高度、淋浴喷头高度、床的长度等,一般可采用成年男性人体身高幅度的上限 1730 mm,再另加鞋厚 20 mm。

(2)按较低人体高度考虑空间尺度,如楼梯的踏步、厨房吊柜、挂衣钩及其他空间置物的高度,盥洗台、操作台的高度等,一般可采用成年女性人体的平均身高 1560 mm,再另加鞋厚 20 mm。

(3)一般建筑内使用空间的尺度可按成年人平均身高 1670 mm(男)及 1560 mm(女)来考虑,如剧院及展览建筑中考虑人的视线高度以及桌椅的高度等。当然,设计时也需要另加鞋厚 20 mm。

四、人体工程学在室内设计中的运用

人体工程学作为一门新兴的学科,在室内设计中的应用深度和广度,还有待于进一步开发,目前人体工程学在室内设计中的运用主要体现在以下几个方面:

1. 确定人在室内活动所需空间

根据人体工程学中的有关测量数据,从人体尺寸、人体活动空间(见图 2-8)、心理空间及人际交往空间(见图 2-9)等方面获得依据,从而在室内设计时确定符合人体需求的不同功能空间的合理范围。

2. 确定家具、设施的形体、尺度及其使用范围

室内家具、设施使用的频率很高,与人体的关系十分密切,因此,无论是人体家具还是储存家具都要满足人的使用要求。属于人体家具的椅、床等,要让人坐着舒适,书写方便,睡得香甜,安全可靠,减少疲劳感。属于储存家具的柜、橱、架等,要有适合储存各种物品的空间,并便于人们存取。属于健身休闲公共设施的,要有适合的空间满足人们的活动要求,使人感到既安全又卫生。为满足上述要求,设计家具、设施时必须以人体工程学作为指导,使家具、设施符合人体的基本尺寸和从事各种活动需要的尺寸。如:高橱柜的高度一般为 1800～2200 mm;电视柜的深度为 450～600 mm,高度一般为 450～700 mm。而对坐使用的家具(如桌椅等),应根据人在坐姿时,从坐骨关节节点为准计算,一般沙发高度以 350～420 mm 为宜,其相应的靠背角度为 100°;躺椅的椅面高度一般为 200 mm,其相应的靠背角度为 110°。同时,人体工程学还应考虑在这些家具和设施的周围留有人体活动和使用的最小余地,如图 2-10 所示。

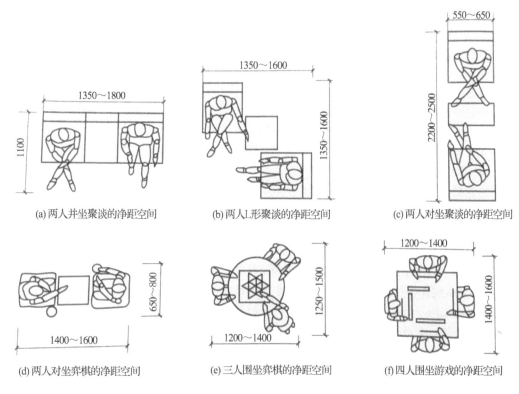

(a) 两人并坐聚谈的净距空间　　(b) 两人L形聚谈的净距空间　　(c) 两人对坐聚谈的净距空间

(d) 两人对坐弈棋的净距空间　　(e) 三人围坐弈棋的净距空间　　(f) 四人围坐游戏的净距空间

图 2-8　人体活动空间(单位:mm)

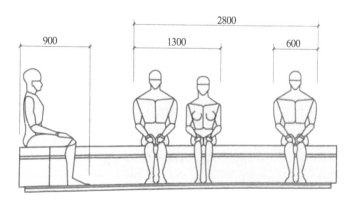

图 2-9　人际交往空间(单位:mm)

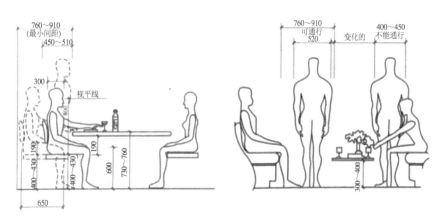

图 2-10　餐桌尺寸及人体活动范围(单位:mm)

3. 提供适宜人体的室内物理环境的最佳参数

室内物理环境主要包括室内声环境、热环境、光环境、重力环境、辐射环境、嗅觉环境、触觉环境等。有了适应人体要求的相关科学参数后,在设计时就可以做出比较正确的决策,设计出舒适宜人的室内物理环境。如会议时一般谈话的正常语音距离为 3 m,强度为 45 dB;生活交谈时的正常语音距离为 0.9 m,强度为 55 dB 等。另外,室内温度和相对湿度至关重要,经试验证明,起居室内的适宜温度是 16～24℃,相对湿度是 40%～60%,冬季最好不要低于 35%,夏季最好不高于 70%。人体工程学提供了适宜人体的室内物理环境的最佳参数,帮助室内设计师做出正确的决策。

4. 为室内视觉环境设计提供科学依据

室内视觉环境是室内设计的一项重要内容,人们对室内环境的感知在很大程度上是依靠视觉来完成的。人眼的视力、视野、光觉、色觉是视觉的基本要素,人体工程学通过一定的实验方法测量得到的数据,对室内照明设计、室内色彩设计、视觉最佳区域的确定提供了科学的依据,人眼的视野范围如图 2-11 所示。

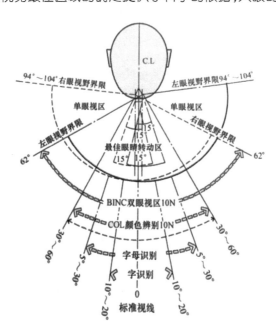

图 2-11　人眼的视野范围

五、特殊人群设计尺寸

1. 老年人室内设计

人们随着年龄的增长,身体各部分的机能,如感觉机能、运动机能、免疫机能等都会逐步衰退,心理上也会发生很大的变化。这些机能的衰退是人到老年后必然会发生的生理现象,将导致眼花、耳聋、视力减退、记忆力减退、肢体灵活度降低等问题,所以老年人更容易发生突然性的病变或事故;而心理上的变化则使老年人安全感下降、适应能力减弱,出现失落感和自卑感、孤独感和空虚感。对于老年人的这些生理、心理特征,应该在室内设计中予以特别关注,随着我国人口结构的逐步老龄化,针对老年人的室内设计更应引起人们的高度重视。

在室内空间和家具设计中,人体尺寸是十分重要的参考数据,比如家具设计的功能尺寸和室内设计的空间活动尺寸很大程度上要和人体尺寸关联。那么,针对老年人这一特定群体进行设计时,同样需要将他们的身体尺寸作为重要的参考依据。

老年人的身体尺寸并不能直接等同于当地普通成年人的身体尺寸,很大原因是老年人的身体各部位机能均开始出现不同程度的退行性变化,一般来说,女性 60 岁以上、男性 65 岁以上开始出现生理衰老的现象,随着年龄的增长,其生理机能和形态上的退化逐渐加剧(见图 2-12)。因此,掌握老年人的身体尺寸与普通成年人之间的差异,也是优化室内设计的前提条件。

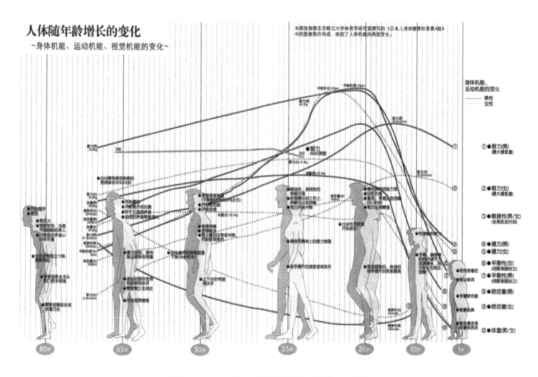

图 2-12　人体生理机能随年龄的变化图

目前,虽然我国还没有制定相关规范,但根据老年医学的研究资料也可以初步确定老年人的基本尺寸。老年人由于代谢机能降低,身体各部位产生相对萎缩,最明显的是身高的萎缩。据老年医学研究,人在 28～30 岁时身高达到最大值,35～40 岁之后逐渐出现衰减。老年人一般在 70 岁时身高会比年轻时降低 2.5％～3％,女性的身高缩减有时最大可达 6％,根据身高的降低率可大致推算出老年人身体各部位的标准尺寸。中国老年人人体尺寸测量图如图 2-13 所示。

2. 儿童室内设计

儿童的生理特征、心理特征和活动特征都与成年人不同(见图 2-14),因而儿童的室内空间有别于成年人的室内空间。为了便于研究和实际工作的需要,根据儿童身心发展过程,结合室内设计的特点,把儿童成长阶段划分为:婴儿期(3 岁以前)、幼儿期(3～6、7 岁)和童年期(6、7～11、12 岁)。设计师要了解儿童不同成长阶段的典型心理和行为特征,有针对性地进行儿童室内空间的设计,创造出适合儿童使用的室内空间,符合儿童体格发育的特征,适应儿童人体工程学的要求。

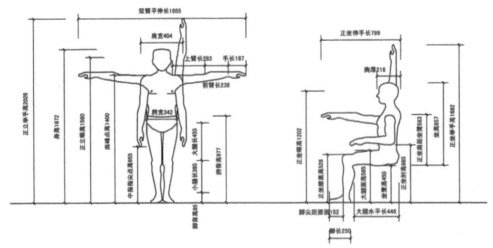

(a)老年男性人体测量图（样本平均年龄：78.9岁，尺寸单位：mm）

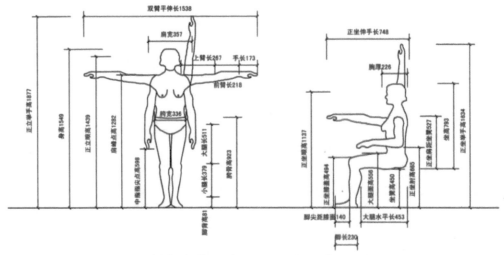

(b)老年女性人体测量图（样本平均年龄：79.6岁，尺寸单位：mm）

图 2-13　中国老年人人体尺寸测量图(清华大学建筑学院老年人建筑研究课题组测量并绘制)

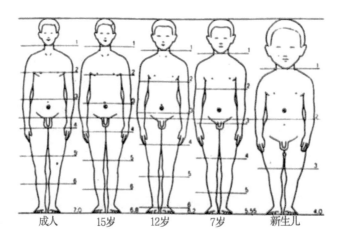

成人　　15岁　　12岁　　7岁　　新生儿

图 2-14　儿童与成人的差异

我国自 1975 年起,每隔 10 年就对九市城郊儿童体格发育进行一次调查、研究,提供中国儿童的生长参照标准。综合现有的儿童人体测量数据与统计资料,我们总结了儿童的基本人体尺寸,可作为现阶段儿童室内设计的参考依据(见图 2-15 和图 2-16)。

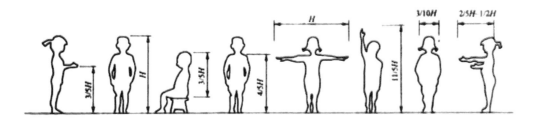

图 2-15　幼儿人体尺寸(3~6 岁)

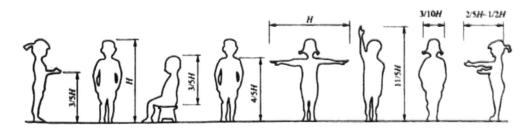

图 2-16　儿童人体尺寸(7~12 岁)

3. 残疾人室内设计

残疾人的人体尺寸和活动空间是残疾人室内设计的主要依据。在过去的建筑设计和室内设计中,都是依据健全成年人的使用需要和人体尺寸为标准来确定人的活动模式和活动空间,其中许多数据都不适合残疾人。所以,室内设计师还应该了解残疾人的人体尺寸,全方位考虑不同人的行为特点、人体尺寸和活动空间,真正遵循"以人为本"的设计原则。

在我国,1989 年开始实施的国家标准《中国成年人人体尺寸》(GB 10000-1988)中没有关于残疾人的人体测量数据,所以目前仍需借鉴国外资料,在使用时根据中国人的人体特征进行适当的调整。由于日本人的人体尺寸与我国比较接近,所以这里将主要参考日本的人体测量数据对我国残疾人人体尺寸和活动空间提出建议(见图 2-17)。

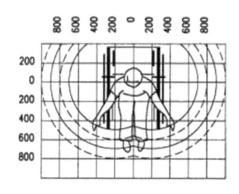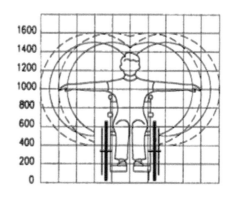

图 2-17　坐轮椅与拄杖者的伸展范围(单位:mm)

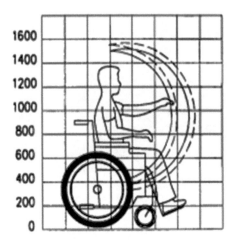
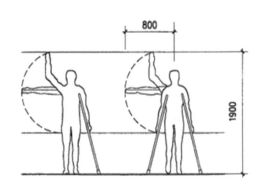

注：1.实线表示女性手所能达到的范围，虚线表示男性手所能达到的范围。

　　2.内侧线表示端坐时手能达到的范围，外侧线为身体外倾或前倾时手能达到的范围。

续图 2-17

无论是处于婴儿期的人，还是出现暂时行动障碍的人，抑或是步入老年期的人，都需要环境给予充分的支持，以保证在任何时候、任何人都能生活在一个安全舒适的环境中，得到社会的尊重，并享有各自在生存权上的平等。只有这样，才能保证社会的和谐与可持续发展。

第二节
室内设计与环境心理学

环境心理学的研究是用心理学的方法来对环境进行探讨，以人为本，从人的心理特征出发来研究环境问题，从而使我们对人与环境的关系、怎样创造室内人工环境等都产生新的更为深刻的认识。因此，环境心理学对于室内设计具有非常重要的意义。

一、环境心理学的含义与研究内容

环境心理学是一门新兴的综合性学科，于 20 世纪 60 年代末在北美洲兴起，此后先在英语国家，继而在全欧洲和世界其他地区迅速传播和发展。环境心理学的内容涉及医学、心理学、社会学、人类学、生态学、环境保护学及城市规划学、建筑学、室内环境学等诸多学科。就室内设计而言，在考虑如何组织空间，设计好界面、色彩和布局，处理好室内环境各要素的时候，都必须注意使室内环境符合人们的行为特点，能够与人们的心理需求相契合。

二、室内设计中的环境心理学因素

在室内设计中，除了考虑尺寸因素，我们还需要考虑人的心理因素，保持良好的个人空间，比如在寝室空间中就需要良好的个人空间来保证一定的私密性，这就是尺寸与心理因素结合的问题。

1. 个人空间、领域性与人际距离

1)个人空间

个人空间指在某个人周围具有无形边界的区域,起自我保护作用。破坏个人空间会使人产生不舒服、厌烦、生气、泄气等情绪。比如,在公共场所中,一般人不愿意夹坐在两个陌生人中间,公园长椅上坐着的两个陌生人之间会自然地保持一定的距离。要设计良好的个人空间,就需要研究私密性,私密性主要是通过明确个人空间的边界和表明空间的所属权来完成的,私密性可以分为三个层次,当所获得的私密性比所期望的层次低时,人就会感到拥挤;当所获得的私密性比所期望的层次高时,人就会感到孤独;只有需求和实际达到一致时,人才会感到舒服。人的选择范围越大,私密性就会越好。

2)领域性

领域性是个人或群体为满足某种需要,拥有或占用一个场所或一个区域,并对其加以人格化和进行防卫的行为模式。人在室内环境中进行各种活动时,总是力求其活动不被外界干扰或妨碍。不同的活动有其必需的生理和心理范围,人们不希望轻易被外来的人与物(指非本人意愿、非从事活动参与的人与物)打扰。

3)人际距离

室内环境中的个人空间常常需要与人际交流、接触时所需的距离一起进行通盘考虑。人际接触根据不同的接触对象和不同的场合,在距离上各有差异。人类学家霍尔以对动物的行为研究经验为基础,提出了"人际距离"的概念,并根据人际关系的密切程度、行为特征来确定人际距离的不同层次,将其分为密切距离、个体距离、社会距离和公众距离四大类;每类距离中,根据不同的行为性质再分为近区与远区(见图 2-18)。例如。在密切距离(0～45 cm)中,亲密、对对方有嗅觉和辐射热感觉的距离为近区(0～15 cm),可与对方接触握手的距离为远区(15 cm～45 cm)。由于受到不同民族、宗教信仰、性别、职业和文化程度等因素的影响,人际距离的表现也有些差异。

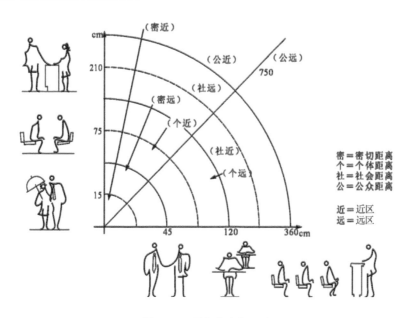

图 2-18　霍尔的人际距离

2. 私密性与尽端趋向

如果说领域性主要讨论的是有关空间范围的问题,那么私密性更多的是在相应的空间范围内对人的视

线、声音等方面的隔绝要求。私密性在居住类室内空间中的要求尤为突出。

日常生活中,人们会非常明显地观察到,集体宿舍里人们总是愿意挑选房间尽端的床铺,而不愿意选择离门近的床铺,这可能是出于生活、就寝时能相对较少地受干扰的考虑。同样的情况也可见于餐厅中就餐者对餐桌座位的挑选。相对来说,人们最不愿意选择近门处及人流频繁通过的座位。餐厅中靠墙卡座的设置,在室内空间中形成了受干扰较少的"尽端",更符合人们就餐时"尽端趋向"的心理要求,所以很受欢迎,如图2-19所示。

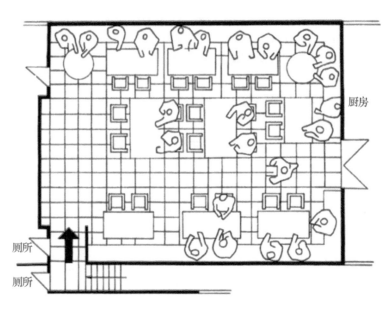

图 2-19 餐厅中的靠墙卡座

3. 依托的安全感

人们在室内空间活动时,从心理感受上来说,并不是空间越开阔、越宽广越好。在大型室内空间中人们通常更愿意靠近能让人感觉有所"依托"的物体。在火车站和地铁站的候车厅或站台上,仔细观察会发现,在没有休息座位的情况下,人们并不是较多地停留在最容易上车的地方,而是更愿意待在柱子边上,人群相对汇集在候车厅内、站台上的柱子附近,适当地与人流通道保持距离。在柱子边人们感到有了"依托",更具安全感。如图2-20所示是根据调查实测所绘制的某火车站候车厅内人们候车的位置。

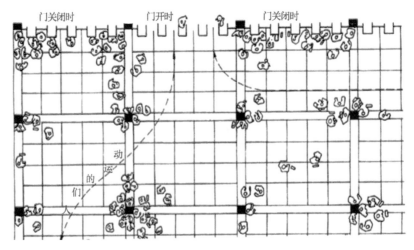

图 2-20 人们候车的位置图

4. 从众与趋光心理

在紧急情况时,人们往往会盲目地跟着人群中领头的几个急速跑动的人移动,而不管其去向是否是安全疏散口。当火警发生,烟雾开始弥漫时,人们无心关注标识及文字的内容,往往跟着领头的几个人跑动,以致形成整个人群的流向。上述情况即属于从众行为。另外,人们在室内空间中流动时,具有从暗处往较明亮处流动的趋向。在紧急情况时,语音的提示引导会优于文字的引导。

这种从众现象提示设计师在设计公共场所室内环境时,首先要注意空间与照明等的导向,标识与文字的引导固然也很重要,但从发生紧急情况时人的心理与行为来看,更需要高度重视空间的照明、音响设计。

5. 好奇心理与室内设计

好奇心理是人类普遍具有的一种心理状态,能够导致相应的行为,尤其是其中探索新环境的行为,对于室内设计具有很重要的影响,可以使室内设计别出心裁。诱发人们的好奇心,不但可以满足人们的心理需要,而且还能加深人们对室内环境的印象。对于商业空间来说,有利于吸引新老顾客,同时由于探索新环境的行为可以诱导人们在室内行进和延长停留的时间,因此有利于产生购物行为。心理学家通过大量实验分析指出,不规则性、重复性、多样性、复杂性和新奇性五个特性比较容易诱发人们的好奇心理。

1)不规则性

不规则性主要是指空间布局的不规则,规则的布局使人一目了然,很容易就能了解空间的全部情况,也就难以引发人们的好奇心。于是,设计师就用不规则的布局来引发人们的好奇心。一般用对整体结构没有影响的物体(如柜台、绿化、家具、织物等)来进行不规则的布置,以打破整体结构的规则布局,营造活泼氛围。例如,法国建筑事务所(见图 2-21)位于一座建于 19 世纪的工业建筑中,整个办公室上空是开放的钢构架,并装配有自洁玻璃;建筑中央是一个 1.7 m× 22 m×14 m 的木质结构,它重新定义并组织了一个多层次空间系统;树分散种植在整个空间中,让办公室看起来更像一个开阔的花房而不是一个单调的办公空间。

图 2-21　法国建筑事务所

2)重复性

重复性不仅指建筑材料或装饰材料数目的增多,而且也指事物本身重复出现的次数。当事物的数目不多或出现的次数较少时,往往不会引起人们的注意,容易一晃而过,只有事物反复出现,才容易被人注意,引起人们的好奇心理(见图 2-22)。

图 2-22　室内设计的重复性

3）多样性

多样性是指形状或形体的多样性，另外也指处理方式的多种多样。泰国 Mega Bangna 山谷购物中心（见图 2-23）的室内设计就很好地体现了多样性，透明的垂直升降梯和错位分布的多部自动扶梯统一布置在巨大的弧形玻璃天棚下，通过空间组织和各种建筑元素结合在一起，将自然环境转变为独特的购物空间。一系列最小倾斜比例为 1∶15 的人行道，从上到下平缓地下降，创造出类似"登山"的体验。这些细节手法丰富和完善了室内环境，在考虑人们购物方便的同时，也考虑了人们在其中的休闲交往活动。

图 2-23　泰国 Mega Bangna 山谷购物中心

4）复杂性

运用事物的复杂性来增强人们的好奇心理也是设计中常见的手法。特别是进入后工业社会以后，人们对于千篇一律、缺少人情味的大量机器生产的产品感到厌倦和不满，希望设计师能创造出变化多端、丰富多彩的空间来满足人们不断变化的需要。

5）新奇性

新奇性是指新颖奇特、出人意料、与众不同，令人耳目一新。在室内设计中，为了达到新奇性的效果，常常运用以下三种表现手法：

（1）室内环境的整个空间造型或空间效果与众不同。

（2）把一些日常事物的尺寸放大或缩小，使人觉得新鲜有趣。

（3）运用一些形状奇特新颖的雕塑、装饰品、图像和景物等诱发人们的好奇心理。

除了以上所说的五个特性外，诸如光线、照明、镜面、特殊装饰材料甚至特有的声音和气味等，也常常被用来激发人们的好奇心理。

三、环境心理学对室内设计的影响

1. 色彩对心理环境的影响

人们总是最先用视觉来感受环境,在室内设计中,色彩的运用占据"第一眼"的位置。室内环境色彩不仅可以带给人美的享受,而且影响着人的情绪及工作和生活效率。因此,色彩在室内设计中起着非常重要的作用。对于设计师来说,正确利用室内环境色彩的心理效应不但能烘托室内的气氛,而且可以创造舒适的室内环境。在路易斯·巴拉干的作品吉拉迪住宅中(见图2-24),色彩能够给人强大的感染力,充满了浪漫和宁静的意味,创造出充满情感、诗意的深邃意境。

图 2-24　吉拉迪住宅

2. 材料对心理环境的影响

不同的材料有不同的质感表现和各具特色的构造细部,可以渲染和强化室内的环境气氛,从而影响人的心理状态。在创造空间时,应十分重视表层选材和处理,强调素材的肌理。这种经过过滤的空间效果具有冷静的、光滑的视觉表层性,它牵动人们的情思,使生活在其中的人产生联想,回归自然的情绪得到补偿。在造型纯净化、抽象化的过程中,创造新的肌理效果,强调人们对肌理效果的心理效应已成为现代室内设计刻意追求的内容。例如,利用带有古朴色彩的材料及浓郁地方色彩的装饰细部与线脚来唤起一种"熟悉"的感觉,使人们触景生情,获得认同感。

3. 空间形状对心理环境的影响

由各个界面围合而成的室内空间,其形状特征常会使活动于其中的人们产生不同的心理感受,如表2-1所示。例如,正方形、圆形、六边形等,安稳而没有方向感,这类空间适合表达严肃、隆重的氛围;矩形的空间,有横向延伸、展示和欢迎的感觉,纵向有引导的感觉。

著名建筑设计师贝聿铭先生曾对他的作品——华盛顿国家美术馆东馆有很好的论述。他认为,具有三角形斜向的空间常给人以动态和富有变化的心理感受。

表 2-1　室内空间形状的心理感受

室内空间形状	正向空间				斜向空间		曲面及自由空间	
心理感受	稳定规整	稳定有方向感	高耸神秘	低矮亲切	超稳定庄重	动态变化	和谐元素	活泼自由
	略呆板	略呆板	不亲切	压抑感	拘谨	不规整	无方向感	不完整

4. 光影对心理环境的影响

在运用光影塑造情感空间的时候,设计师往往从光源的布局、形态等方面入手,通过强化、弱化、虚化、实化等表现方式,渲染特定的空间氛围。理查德·迈耶就是这样一位善于塑造优美的光影空间的大师(见图 2-25)。他强调面的穿插,运用垂直空间和天然光线在建筑上的反射达到光影丰富的效果,"在纯形式原则内创造空间的抒情诗"。

光除了满足功能需求外,还能对人们的情感产生一定的影响。利用光影的艺术规律和表现力可以使室内空间环境具有人们需求的气氛和意境,满足人们的生理和心理需求。安藤忠雄也是操纵光影的大师,他运用光影使作品震撼人心,运用自然光线造成非常丰富的光影效果,营造能够表达具有文化特色甚至是带有一些精神力量特质的光线环境。比如,小筱住宅(见图 2-26)是安藤忠雄对光影运用的佳作,小筱住宅的起居室顶棚有两层高,采用了顶部采光的方法,阳光从顶部渗透下来,倾泻在混凝土墙面上,产生了动感的光影效果。

图 2-25　理查德·迈耶的作品

图 2-26　小筱住宅

第三节
室内设计与环境生态学

21世纪的今天,社会发生着巨大的变化:一方面似乎变得更加适合人类居住和生活,另一方面又对原有自然环境造成了很大的破坏。生态问题已经成为人类生存与发展的新困境之一。因此,生态环境和可持续发展是人类21世纪共同面临的最迫切的课题。室内生态观的形成,极大地丰富了生态学的思想内涵,然而,影响室内生态环境的因素是多方面的,需要室内设计师对此进行不断探索和研究。

一、室内生态环境设计的含义

所谓室内的生态环境设计,是指运用生态学原理和遵循生态平衡及可持续发展的原则来设计、组织室内空间中的各种物质因素,营造无污染、生态平衡的室内环境。由这种设计方法实现的绿色室内生态环境是当今室内设计界关注的热点问题,是现代建筑可持续发展的重要内容。

室内生态的设计作为生态建筑的主要内容,已经有一段相当长的发展历史。尽管在我国还没有得到完善的发展,但已引起了高度重视。太阳能、风能以及光能在现代建筑设计上都得到了应用,在实现节能、低耗、低造价的同时,又能保证室内环境的舒适度。比如,德国商业银行是世界上第一个生态办公楼(见图2-27),这个项目设计的关注点在于探索办公室的环境本质,力求以创新的想法改善办公室的生态环境及员工的工作模式,其核心是运用自然通风和采光系统,使每个办公室都可以照射到自然光,并且都设置了窗户,让人们能够自主控制他们需要的环境条件。这样一来,能源消耗相较于传统的办公楼减少了一半。

图2-27　德国商业银行

同时,再生材料和自然材料的介入,促成了当代建筑与室内设计的绿色趋势。比如,德国汉诺威世博会日本馆的设计(见图2-28)全部用再生纸管和纸板材料建造,其屋顶是由纸质曲面构造,由纤维及纸质结构建成,墙面采用的是透光性能好、防火的PVC材料,其室内采光极好,白天无须任何灯光照明,最主要的是,作为临时建筑的日本馆在世博会结束后可以完整拆除,又变为可以重复使用的材料。

图 2-28　德国汉诺威世博会日本馆

二、室内生态环境设计的内容

室内生态环境设计涉及空间舒适与健康等问题,内容包括室内空气质量、室内声环境、室内光环境等。这些内容都有其各自的定义及标准,只有达到标准区间,室内环境才适宜人类生活和工作。

1. 室内空气质量

室内空气质量是指在一定时间和一定空间里,空气中所含有的各项检测物达到一定的检测值。主要的检测标准有含氧量、甲醛含量、水汽含量、颗粒物等,最终的检测结果是一组综合数据。室内空气质量是空间环境健康和适宜居住的重要指标。

空气中含有多种组成元素,是由氮、氧、氢、二氧化碳、氖、氦、氪、氙、等气体按一定容积百分比和重量比组合而成的,此外还有水蒸气、可吸入颗粒物等其他物质。我国在借鉴国外空气质量标准的基础上也建立了我国室内空气质量标准。

2. 室内声环境

声环境作为生态环境的参照之一,也必须在室内设计中得到体现。

室内声环境设计的目的主要是使人们的工作学习、休养睡眠的舒适得到保证。在我们的生活环境中,声音无处不在,声音的来源广泛,若不加以控制,很容易产生噪声,如生活噪声、交通噪声以及自然噪声等。

在室内生态环境设计中,要考虑材料与空间隔音、吸音的设计。比如用双层或三层玻璃来降低外来噪声,用布艺和软性材料装饰进行隔音;在吊顶、墙体设计中安装吸音海绵;墙壁不要过于光滑,多摆放木质家具,室内空间独立且封闭性要好;使用低噪声家电等。

3. 室内光环境

对于建筑物来说,光环境是由于光照射其内外空间所形成的环境。室内光环境为视觉感官接收信息创造了必要的条件。室内光环境是由多重光照射出来的,有其功能性、美观性、视觉性、装饰性等方面的特征。创造优良的光环境有利于人更好地获得室内信息。

光线一般包含自然光和人工光。室内运用自然光的主要方式取决于窗户在室内的位置。侧窗的位置和形式会对室内自然光的引入产生巨大的影响,光线的分布和阴影会随之改变。

本着低碳环保的原则,室内的人工光在满足夜晚照明的情况下,光源数量需尽量少。但是考虑到室内装饰性和美观性等要求,室内的光源设计往往不止一个主光源。室内生态环境的灯光设计也需紧跟时代潮流,创造出低碳的、舒适的、宜人兼具美感的光环境。

自然光为日光,室内设计时尽量让自然光进入室内,为空间环境提供足够的照明光线。人工光主要为灯光,灯光有很多类型。但是对于室内设计来说,灯光分为主光源和点光源,照明方式分为直接/半直接照明、间接/半间接照明、漫射式照明、局部照明等。灯光的布局方式分为面光、带光、点光等形式。此外,室内灯光设计还必须考虑悬挂方式,投射物体的材质、颜色、光泽度以及透光性等因素。

三、生态观在室内设计中的体现

室内生态环境设计是由很多内容、很多环节构成的。而这些内容和环节都与能源、环境品质、再循环与资源效率等因素有关联。合理的开发、应用绿色能源,使其自然和谐地与室内环境交融,必将创造出更美好的人居环境。

1. 室内设计结合建筑结构

随着人们对结构认识的不断深化,发现结构与形式美并不是矛盾的,科学合理的结构往往是美的形式。将建筑构造技术的外在形式作为"部件""元素"融入室内的装饰设计中,既不消减室内空间的美观,又能节省装修成本,这种"简单化"的室内空间更能透射出空间形态的本体意义。

在建筑设计的初始阶段就将室内设计的生态环保考虑在内,比如通风、采光等的设计,会提高室内生态的舒适度。但是,现在许多建筑只考虑建筑外形和房屋结构,没有更多地从环保角度去考虑,所以目前高效环保的生态建筑及室内空间还不多见。随着生态建筑得到重视,室内设计要结合建筑结构,围绕生态环保、清洁低碳等概念进行综合设计。

2. 生态环保型材料的广泛应用和拓展创新

环保材料的使用能有效地降低装饰材料对自然的破坏和对人体健康的危害。现在,生态环保型材料的运用已经比较广泛,比如再生壁纸、无害油漆等材料,但仍处于起步阶段,要真正广泛全面地使用生态环保型材料,还有很长的路要走。

生态环保型材料产生的装修垃圾容易被快速地分解吸收,从而达到有益生态的目的。但是目前由于制造工艺、材料等限制,要真正实现无毒、无害、零排放的清洁环保设计还有一定距离。因此,在未来生态环保型材料的设计与发展应用上,需要更多的科技创新的介入,也需要设计师、施工者和使用者积极地取材应用。

3. 倡导适度消费

室内生态环境设计把实现"人、建筑、自然和社会协调发展"作为目标,倡导的是适度消费观和节约型的生活方式,不赞成室内设计的豪华奢侈和铺张浪费,把生产和消费维持在环境的承受能力范围之内。我国作为发展中国家,切不能以牺牲环境、过度开发和使用资源来换取暂时的经济繁荣,而应该从可持续发展的角度合理地使用资源,使有限的资源得到长期持久的合理应用。这在肯定了人的价值和权利的同时,也承认了自然界的价值和权利,体现了一种崭新的生态文化观、价值观和伦理道德观。对装饰材料的使用要注重以下三点:

1)对天然材料的节制使用

天然材料的资源如石矿、森林等,由于其形成周期极长,需要的条件也非常特殊,故而此类资源对人类来说是极其有限的,为此应遵循节制使用的原则,有限度地使用。

2)倡导使用"绿色饰材"

目前"绿色饰材"正在逐步实现清洁生产和产品生态化。该饰材在生产和使用过程中对人体及周围环境几乎不产生危害,具有安全舒适和保健的功能。所谓安全舒适是指"绿色饰材"具有轻质、防火、防水、保温、隔热、隔音、调温、调光、无毒、无害等特性,如草墙纸、麻墙纸、实木地板等;所谓保健功能是指"绿色饰材"具有消毒、防臭、灭菌、防霉、抗静电、防辐射、吸附二氧化碳等特性,如环保地毯、环保型石膏板、水溶性涂料等。"绿色饰材"以其优良的品质和独特的魅力,成为营造室内绿色环境的理想选择。

3)恰当地使用"昂贵"材料

适度消费并非一味地限制甚至拒绝高档材料的使用,对某些重要部位,适当地使用"昂贵"材料也是有必要的,应运用局部搭配的手法,真正做到对材料的合理使用。

4. 对旧家具、旧设备、旧材料、旧配件的重复利用

在我国的旧货市场、古玩市场,存放着大量带有时代印记的旧家具、旧饰品和旧建筑配件等,它们是设计师取之不尽、用之不竭的设计素材资源库。将其作为室内装饰和陈设的"元素"加以运用,既可以节约能源,又可以营造别有情趣的室内环境。比如,王澍的作品就大量使用传统建筑材料,用一些看似破旧的材料来找回消逝的时间和记忆。宁波博物馆(见图2-29)的外墙材料原本是一堆废料,都是旧城老房子拆迁留下来的瓦片和青砖。在12万平方米的墙面上,用了上百万块瓦片。王澍把这些回收材料按照同色系排列在一起,让工人把瓦片一片片拼起来,前后历时近10个月。他经常使用不同尺寸和种类的材料"混搭",在混搭的过程中,不同材质的组合使用了传统夯土建筑水平连接与找平的工艺。

图 2-29　宁波博物馆

5. 注入生态美学要素

室内生态美学是在传统美学的基础上,将生态学理论语言转译为室内设计语言去影响当代室内设计的审美活动,从而建立起新的室内设计识别系统,使人们能够在新的语境中进行审美活动,为当代室内设计提供新的思考维度和语言空间。室内生态美学强调人与审美对象、审美环境的共振与互动,注重人与自然的和谐统一,使之达到自然美与人文美的有机结合。在室内生态环境的创造中,强调自然生态美,强调质朴、

简洁而不刻意雕琢;它同时强调人类在遵循生态规律和美的法则的前提下,运用艺术手段加工、改造自然,创造人工生态美;它主张人工创造出的室内绿色景观与自然的融合带给人们持久的精神愉悦,追求的是一种更高层次的审美情趣。

6. 使用绿色能源

绿色能源也称清洁能源,可分为狭义和广义两种。狭义的绿色能源是指可再生能源,如水能、生物能、太阳能、风能、地热能和海洋能。这些能源消耗之后可以恢复补充,产生的污染少。广义的绿色能源则包括在能源的生产、消费过程中,选用对生态环境低污染或无污染的能源,如天然气、清洁煤(将煤通过化学反应转变成煤气或煤油,通过高新技术严密控制转变成电力)和核能等。绿色能源的发展前景广阔,投资潜力巨大。同时,绿色能源能更有效地保护生态环境,利在当代、业在千秋,因此也是可持续发展的必然选择。

1)太阳能的应用

在室内生态环境设计中,有效地利用太阳能可以为生活提供更多的帮助。例如,将太阳能与室内环境中的温度调节、电力供应等进行结合设计,可以有效降低能耗,为生活提供便利。

2)生物能的应用

在室内生态环境设计中,生物能的运用,可以将食品废弃物和其他有机物质等我们平时生活中产生的生物垃圾混合,进行生物厌氧过程降解,产生电和热以实现生物能的释放。产生的能量可以用来提供燃气或转化成电能。此外,生物能也可以与太阳能结合应用。

3)雨水的应用

对于雨水在室内生态环境设计中的应用,一方面可以将室内植物造景、屋顶花园的设计与水循环系统进行结合设计,将收集到的雨水作为植物生长的水源保障;另一方面也能将雨水转化为生活用水,主要通过收集、储存、过滤,最后由管道输送来满足日常非饮用水需求。在雨水收集方面丹麦算是一个典范,通过屋顶收集雨水,每年能从居民屋顶收集约 645 万立方米的雨水,占居民冲洗厕所和洗衣服实际用水量的 68%,相当于居民用水量的 22%。

Shinei Sheji Yuanli yu Shijian

第三章

室内设计的空间组织

空间组织是完成室内设计的基础,也是室内设计的重要内容。从某种意义上说,空间组织合理,有利于内部环境设计其他工作的开展;反过来空间组织不合理,会影响室内空间使用,且很难进行后期修改,即便有办法修改,也未必能从根本上解决问题。空间组织的内容很广,对于如何认识空间、组织空间是我们面临的首要问题。在空间组织中包含单个空间和多个空间,在空间组织设计中涉及空间的形状尺度、比例、开敞与封闭的程度,还涉及若干个空间相组合时的过渡、衔接、统一、对比、节奏韵律等问题。在本章中,我们将重点讲述室内空间的序列与过渡和室内空间的界面设计。

第一节
室内空间的序列与过渡

一、室内空间的序列

空间的序列,是指空间环境先后活动的顺序关系,是指按一定的流线组织空间的起、承、转、合等变化,是设计师按照建筑功能进行合理组织的空间组合。各个空间按照一定的顺序、流线方向产生联系,沿着主要人流路线按一定顺序逐步展开。比如火车站的室内设计,必须经历售票厅—候车厅—检票厅—站台这一序列。室内空间的序列设计除了满足人们行为活动的需要之外,还是设计师从心理和生理上积极影响人的艺术手段。换句话说,设计师通过空间的序列设计引导人们先看什么、后看什么。

多个空间的组合,需要体现空间的主次关系和发展变化。室内空间的序列设计要以功能为主要出发点,因为任何空间设计最主要的还是根据人们从事一项活动进行基本的功能设计,实际上就是要在一定的时空内完成一种活动过程,这种活动过程可以称为行为模式,空间序列设计就是根据这种行为模式展开的。以看电影的活动过程为例,人们要经过买票、进入门厅、稍做等候(休息、购物或去洗手间)、看电影等基本过程后离开电影院,因此,电影院的空间序列就必然是售票处—门厅—观众厅—出入口,并在门厅、观众厅附近设小卖部和洗手间。人们在特定的空间序列内完成一个活动过程时,必然会体会到空间的发展变化,并为这种发展变化所感染。再比如厨房设计,必定是结合人从买菜进厨房到存放物品、洗菜、切菜、配菜、炒菜、出菜等环节进行空间序列的细化,合理的序列才能让人使用起来舒服,满足基本的功能需求。

空间以人为中心,设计师按照建筑功能进行合理的空间组织安排,空间序列就是要处理空间的动态关系。在空间序列中往往存在多个空间,而多个空间结合是比较复杂的,单以活动过程为依据,仅满足行为活动的需求是远远不够的。因此在空间序列设计中,还应该整体考虑各个空间的联系,以这种联系为依据,以一种艺术化的方式把空间的序列设计表达出来,形成更加深刻、更加全面、更能够发挥建筑空间艺术的室内空间序列,从而满足人的心理需求。

室内空间的序列包括以下几个阶段。

1. 起始阶段

起始阶段是序列设计的开端,就像音乐的前奏,它预示着将要展开的空间探索。在起始阶段应该把主要人流路线作为首要因素。其次考虑次要人流的路线,设计时次要人流路线应从属于主要人流路线,才能把人群导入室内。最后设计好室内与室外空间的过渡，考虑与后面空间的衔接。在起始阶段营造氛围也很重要，创造出具有吸引力的空间氛围也是起始阶段的设计重点。如图 3-1 和图 3-2 所示。

图 3-1　武汉抗疫展起始阶段 1　　　　　　　　图 3-2　武汉抗疫展起始阶段 2

2. 过渡阶段

过渡阶段是连接起始阶段与高潮阶段的中间环节，是序列设计中的过渡部分，在整个空间序列中起到承前启后的作用，是酝酿人的情感并走向高潮阶段的重要环节，具有引导、启示、酝酿、期待及引人入胜的功能。过渡阶段的设计可以使用空间引导与暗示手法，使人产生一种自然感，让人们不知不觉地从一个空间走到另一个空间。不管是在水平方向上还是垂直方向上都要选择合适的空间序列过渡方式，发挥空间的引导作用。如图 3-3 和图 3-4 所示。

图 3-3　武汉抗疫展过渡阶段 1　　　　　　　　图 3-4　武汉抗疫展过渡阶段 2

3. 高潮阶段

高潮阶段是序列设计的主角和精华所在，是空间过渡后产生的最佳效果，是序列空间的主体。在这一阶段，主要是让人们在环境中激发情绪、满足心理，因此这一阶段的设计应该注意将情绪推向高潮。如图 3-5 和图 3-6 所示。

图 3-5　武汉抗疫展高潮阶段 1　　　　　　　　　　　图 3-6　武汉抗疫展高潮阶段 2

4.终结阶段

终结阶段最主要的任务是由高潮恢复平静,也是序列设计中必不可少的一环。良好的终结会让人们回味无穷,进行追思和联想,而较差的终结阶段设计,则会在序列空间整体设计上留下遗憾。如图 3-7 和图 3-8 所示。

图 3-7　武汉抗疫展终结阶段 1　　　　　　　　　　　图 3-8　武汉抗疫展终结阶段 2

二、空间序列的设计手法

室内空间的序列设计还需同时考虑空间发展变化对人们精神、生理、心理的影响,并充分利用这种影响,增强空间序列的艺术感染力。空间序列在实际的方案设计中不是一成不变的,影响空间序列的因素主要是序列长短、高潮的数量和位置的选择,设计空间序列时应该注意以下问题:

1. 确定序列的长短

空间序列的长短需要根据不同的室内空间类型进行确定。在公共交通疏散类的室内空间,比如汽车站、火车站、候机室等空间,需要讲究效率,节约时间,空间序列不宜复杂,布置应简洁明了,线路清晰便捷,方便旅客迅速办理各种手续,顺利上车或登机。而对于展览性的室内空间或旅游性的室内空间,需要发挥启迪或教育功能时,可以加强序列的长度,通过加长空间序列,实现一种重点表达的效果。比如毛主席纪念堂,在空间序列设计上进行了充分的考虑。瞻仰群众由花岗石台阶拾级而上,经过宽阔庄严的柱廊和较小的门厅,到达长 34.6 m、宽 19.3 m 的北大厅,厅中部高 8.5 m、两侧高 8 m,汉白玉毛主席坐像栩栩如生地设置在正中间,雄伟高大,庄严肃穆,让人无比怀念,这为瞻仰遗容做好了充分的情绪酝酿。为了突出从北大厅到瞻仰厅的入口,南墙上的两扇大门具有极强的导向性,选用名贵的金丝楠木装修。为了使群众在视觉上适应由明至暗的变化,以及突出瞻仰厅的主要序列(即高潮阶段),在北大厅和瞻仰厅之间,恰当地设置了一个较长的过渡走道,这样使瞻仰群众一进入瞻仰厅,就感到气氛比北大厅更雅静肃穆。这个宽 11.3 m、长 16.3 m、高 5.6 m 的瞻仰空间,在尺度和空间环境安排上,都类似一间日常的生活卧室,使肃穆中又具有亲切感。向毛主席遗容辞别后,人们进入长 21.4 m、宽 9.8 m、高 7 m 的南大厅,厅内色彩以淡黄色为主,稳重明快,地面铺以红色大理石,在汉白玉墙面上,刻着毛主席亲笔书写的气势磅礴、金光闪闪的《满江红-和郭沫若同志》一词,以激励我们继续前进,起到良好的结束作用。毛主席纪念堂并没有完全效仿我国古代建筑冗长的空间序列和令人生畏的空间环境气氛,仅有五个紧连的层次,高潮阶段在位置上略偏中后,在空间上也不是体量最大的,这和特定的社会条件、建筑性质、设计思想有关,也是对传统空间序列的改革。

2. 确定序列的结构

采取何种空间序列结构取决于建筑的性质、规模、地形环境等因素。中国古代作文讲究起承转合,这在室内空间序列结构中同样适用,在较长的空间序列中,为了丰富序列变化经常采用这种形式,整个序列可分为起始、过渡、高潮、终结四个大阶段,在布局上采用对称式和不对称式、规则式和自由式。空间序列的线路通常分为直线式、曲线式、循环式、迂回式、盘旋式、立交式等。如图 3-9 和图 3-10 所示。

图 3-9　香港西九龙站 1

图 3-10　香港西九龙站 2

3. 确定序列的组织构图

室内空间序列的组织构图具有多样性,比如对比与统一、均衡与韵律、比例与尺度等。整个室内空间序列是一个各部分相关联的整体空间。在这个整体空间中,需要各个不同的空间在处理上进行对比,产生不同的空间氛围,形成彼此联系、前后衔接,又具有章法的统一的室内空间。比如,中国园林设计中谈到的柳暗花明、别有洞天、先抑后扬、豁然开朗、山穷水尽等空间处理手法都是采用了过渡空间,将若干个相对独立的空间运用一定的对比手法联系起来,通过这样的空间序列的组织构图,让人感受不同的空间变化,衬托空间氛围。因此,在室内空间序列的组织构图上,可以采用强调共性、突出个性、前后衔接、相互衬托、先抑后扬的手法来进行设计。

4. 确定序列的导向性

室内空间序列的导向性,是指引导人们行动方向的空间处理方法。它是室内空间序列处理中最基本的手法,在引导人们行动方向和视觉方向,以及发挥物质功能和精神功能方面具有重要作用。室内空间序列的导向性多采用视觉元素进行设计。在设计中可以采用形式美学中具有韵律感的图形形象进行空间引导。同时,还可以在室内界面上进行设计,用连续的列柱、书架或是曲面的墙体,以及地面材质的变化等进行空间引导,通过这样的手法来引导人们的行动方向和注意力。在空间序列设计中,导向性是最基本的要求之一,它对于空间序列组织的多样性,空间的过渡与衔接、重复与再现起着重要作用。如图 3-11 所示。

5. 确定高潮的选择

在建筑空间中具有代表性的、能反映建筑性质特征的、集中一切精华所在的主体空间就是空间序列的高潮所在。主体空间是建筑的中心,是参观者向往的最后目的地。根据建筑性质和规模的不同,高潮出现的位置和次数也不同,多功能、综合性、规模较大的建筑具有形成多中心、多高潮的可能性。即使如此,也要有主从之分,整个序列似高潮起伏的波浪一样,从中可以找到最高的波峰,成为整个建筑空间中最引人注目和引人入胜的精华所在。如图 3-12 和图 3-13 所示。

图 3-11　空间序列的导向性——张之洞与武汉博物馆

图 3-12　空间高潮 1——张之洞与武汉博物馆

图 3-13　空间高潮 2——张之洞与武汉博物馆

6. 确定整体连续性

室内空间序列必须具有整体连续性。一个良好的开端和令人满意的结局是每一个空间序列都必须具备的。事实上,在建筑入口处便已经开启了空间序列,自然而然地引向辅助空间、主体空间直至期望空间的结束。看似非常流畅的空间其实是由构成整体的每个单独的空间序列连接而成的,符合人们的视觉心理,在逻辑上建立起彼此不分隔、和谐统一的整体关系。空间序列设计的程序应从总序列到分序列,再从分序列回到总序列。比如由分馆、中心展馆、影视厅、会议厅、洽谈室、销售部、服务部等构成展览馆的空间序列设计;由客厅、起居室、卧室、书房、餐厅、厨房、浴厕等构成住宅空间序列。每个空间序列无论在实用功能上还是审美功能上都必须根据纵横上下的关系,进行总体的构想和布局,从而创造一个前后呼应、节奏明快、韵律丰富、色彩协调、声光配合的空间序列。

空间的整体连续性和时间性是空间序列的必要条件,人们在空间内活动的精神状态是空间序列设计应考虑的基本因素,空间的艺术章法则是空间序列设计的主要研究对象,也是对空间序列全过程构思的结果。

三、室内空间的过渡

1. 直接过渡

用直线相连的方式连接空间称为直接过渡,这种过渡方式比较简单,适用于室内效果要求不高的空间。例如大型美术馆的书画展览空间,空间之间尽量保持连贯的移动方向和体验,因此在空间过渡中,不需要处理得十分复杂,尽量简洁过渡,舒适即可。同时,为了突出展览空间中的书画魅力,在空间处理上要尽量淡化以衬托展品,过渡空间更应该随之淡化处理,使人们从一个空间走向下一个空间时,对空间没有深刻的印象,不知不觉完成了空间的过渡与转换,在空间转换中深刻地记住展品。

虽然直接过渡在空间序列上十分简单,没有曲折变化,更没有太多新颖的设计。但是,它也起到了最基本的过渡空间的作用,在这样的情况下,应尽量衬托特定空间的需求。比如,在医疗空间设计中往往淡化空间形象以及各种空间变化,整体空间尽量淡化处理,使人们的精力能够有效地放在实际功能上。再比如某些展示空间,为了保证展品的特性,在整体空间的处理上也会进行淡化,特别是过渡空间,让人们在不知不觉中完成了空间的转换,并且始终保持同一种心理状态欣赏几个不同陈列空间的展品。直接过渡就起到了这样悄然无息的作用,如图 3-14 所示。

图 3-14　直接过渡——清华大学美术学院多功能厅

2. 对比过渡

对比过渡是空间设计中一种常用的过渡手法,使用对比过渡可以让人们明确地感受前后空间的差异变化,比较适合强调某种特色空间的时候使用,以引起人们的注意。比如在展示空间中,为了突出主体展厅的宏大和辉煌,特意将进入主体展厅的过渡空间设计为一个狭长幽暗的空间。让人们通过既昏暗又狭长的小空间后,突然进入主体展厅,形成面积、形象、照明、色彩的强烈对比,产生一种柳暗花明又一村的感受。其结果是让人们对两个空间都留下了深刻印象。利用这种悬殊对比增加空间的特色,早就在我国古典园林设计中出现了,这就是人们常说的欲扬先抑的手法。在室内设计中,我们称之为对比过渡。

另外,空间的开放与封闭之间的对比,也能够转换人的心情。还有不同形状的空间对比,能够给人一种强烈的视觉震撼。这样的空间对比也能给人留下深刻的印象,特别是空间形状的改变,往往和空间功能有一定的关联,这样更能让人建立起整体的形象感知。同时还有虚实对比,在一些室内过渡空间中,会在天顶、地面采取虚实对比的手法来凸显过渡空间的丰富多彩。如图 3-15 和图 3-16 所示。

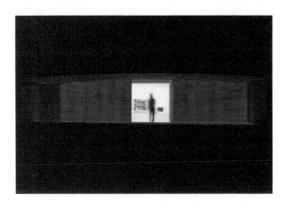

图 3-15　对比过渡 1　　　　　　　　　　　　　　　　图 3-16　对比过渡 2

3. 序列过渡

空间是一个三维立体的,不同于绘画、雕塑的综合性的实体,人们不可能一眼就看到它的全部,而是随着运动的过程,从一处走向另一处,才能留下整体的印象,认识空间的各个部分。由于运动是一个持续的过程,因此在空间设计中,需要逐一展现空间的连续性。人们在认识空间变化时,往往存在两个因素:一是空间的变化因素,二是时间的变化因素。空间序列将这两个因素有机结合起来,使人们不仅在静止时可以观赏空间,在运动过程中也能够欣赏空间,并且在整个序列的引导下,对空间形成综合的整体的印象。

在建筑结构和空间形象都比较复杂的综合性空间中,各个空间需要按照一定的序列进行设计,形成不同的功能空间。而这些不同的功能空间需要处理得疏密有致、重点突出,这就需要考虑人在空间中的运动轨迹,需要停留、思考、行进、休息,这一静一动、一张一弛就构成了空间的整体序列。

在空间过渡中,序列过渡起到非常重要的作用,使人沿着主要路线形成对空间的整体印象,同时兼顾主要空间与次要空间的协调统一,在空间的起承转合中发挥作用。

4. 缓冲过渡

某些建筑空间,由于建筑结构和空间总体设计的限制,会出现一些并没有实际用途的空间,这时就需要设计一个缓冲空间进行过渡。这样既不会浪费空间,又能使空间序列更加丰富。也有一些建筑,由于建筑构件的设计形成了一些缝隙空间,我们也可以利用这一部分空间做装饰,为整体空间增添一些艺术气息。当然,这些空间设计要符合相邻空间的风格,不能生硬地插入一个空间,使空间序列断裂。一般的公共建筑,特别是大型公共建筑,这类的缝隙空间有许多,我们可以巧妙地将其设计成辅助空间,例如清洁间、卫生间、观光室等,不仅能够有效地填充过渡空间,还可以起到完善空间功能的作用。

具体来说,两个大空间如果简单衔接,会使人感觉十分单薄或突然,人们从一个空间进入另一个空间时,印象会十分淡薄。如果在两个大空间中插入一个过渡空间,它就犹如音乐中的休止符一样使空间具有抑扬顿挫的节奏感。对于过渡空间本身没有具体功能要求,它可以面积小一些,光线暗一些,这样也可以充分发挥它在空间处理上的作用,使人们经历从一个大空间到小空间再到大空间的过程,通过这个过程的变化对空间留下深刻的印象。

过渡空间的设计不能生硬,在大多数情况下应当利用辅助性房间或者辅助性空间来巧妙地穿插,例如楼梯、建筑缝隙、走廊等。这样不仅能节省建筑空间,还能有效地保持主体空间的完整性。另外从建筑结构上讲,公共空间中往往在柱网的排列上保留适当的间隙来作为沉降缝或者伸缩缝,巧妙地利用这一部分空间设置过渡空间,可以使结构更加分明。过渡空间的设置需要根据空间的具体情况来分析,并不是衔接两个大空间必须设置过渡空间,那样也可能造成空间浪费,还会使人感到烦琐或者不自然。总之,过渡空间的目的是调节空间序列,因此要根据具体的空间序列来设计。某些空间,由于空间变化要求较高,空间节奏丰富,序列设计比较复杂,因此过渡空间的设计就显得尤为重要,除了建筑条件允许的情况之外,在整体空间中也会根据具体功能要求人为地设计过渡空间,从而实现缓冲过渡的目的,如图 3-17 所示。

图 3-17　缓冲过渡

第二节
室内空间的界面设计

在室内设计中,界面是指围合室内空间的有形实体,它是构成室内空间的物质元素,又是室内设计进行再创造的实体;具体是指顶面、地面、墙面以及建筑构件和装修中所产生的装饰表面。顶面具体是指室内空间顶部的平顶和吊顶;地面是指位于空间下部的地面;墙面也称为侧界面,其中隔断和柱廊都是侧界面;建筑构件往往是指楼梯围栏等相对独立的部分。界面设计直接影响室内设计的整体效果,界面设计可以根据人们的视觉审美,在界面上进行视觉及内涵的创造表现,丰富界面的表皮装饰层,突出空间的视觉效果。在界面设计的装饰和造型设计中,要考虑整体造型和整体风格的要求,具体通过装饰材料的颜色、质感、纹理突出界面风格。

室内界面设计直接影响着室内空间的分隔、联系、组织和艺术氛围的营造,因此界面设计在室内设计中非常重要。从设计手法上来看,界面设计主要分为:界面造型设计、界面色彩设计、界面材质与质感设计、界面的多媒体设计和界面中的管线设施设计,因此在界面设计中需要绘出大量的立面图和剖面图。

一、界面设计的原则

界面的装饰设计,主要有造型设计和构造设计。造型设计涉及形状、尺度、色彩、图案与质地,其基本要求是切合空间的功能与性质,符合并体现室内设计的总体思路。构造设计涉及材料、连接方式和施工工艺,要求安全、坚固、经济合理,符合技术与经济方面的要求。总之,界面设计要遵循以下几条原则:

1. 功能性原则

在室内设计中首先要遵循功能优先的原则。设计以人为本,首先要考虑人的使用需求,整体的设计和尺度的把握都要符合人的使用习惯。在住宅空间中要考虑人的舒适度和基本生活需求,在公共空间中要重点研究空间的功能需求和人们在公共空间活动的基本舒适度。只有满足基本的功能需求,才能进一步考虑美观的问题。如图 3-18 所示。

图 3-18　功能性原则

室内空间基本上是由顶面、墙面、地面组合而成,不同的空间面积,其界面围合方式、建筑构件各不相同。室内设计的重要环节就是要知道空间的基本功能,据此设计界面的基本围合方式,并进行合理的建筑构件尺度设计。举例来说,门是最常见的建筑构件,门的尺度和形式要符合空间的基本功能。一方面,其尺度和形式要符合使用需求;另一方面,还要满足形式上的美感。当然,在公共空间中还要满足消防和疏散的要求。由此可见,界面设计中的建筑构件不仅要从日常使用和维护的角度进行设计,同时还要考虑空间的性质和安全的需求。

2. 安全可靠,坚固适用

界面设计还要考虑安全可靠性。在界面的装饰过程中,我们常常采取涂抹、裱糊、覆盖等方法对界面加以保护,并且加强防水、防潮、防火、防震、防酸、防碱以及吸声、隔音、隔热等功能设置,因为界面大多直接暴露在空气中,往往会受到物理、化学、机械等因素的破坏,影响界面使用的坚固性和耐久性。因此在界面设计中,一般要考虑安全可靠、坚固适用的问题。针对同一界面,可以提出多个装修方案,要从功能、经济、技术等方面进行综合比较,从中选出最为理想的方案;要考虑工期的长短,尽可能使工程早日交付使用,还要考虑施工的难易程度,保证施工的质量。

3. 造型美观性原则

人对于美的认识大部分来源于视觉,还有一部分来源于听觉、嗅觉和触觉。这些感官共同作用使人产生美感并感到心情愉悦。人们感受美和心情愉悦的根源是十分复杂的,其中包括艺术品自身的美感和人们因情感共鸣而产生的美感。举例来说,一个空间本身可能会使大部分人感到舒适,这是由空间设计的合理性造成的,会使大部分人感到愉悦。而一个空间如果可以引起人们的回忆或者情感共鸣,那么这个空间本身的布局和陈设也许就变得不那么重要了,这时的空间美感纯粹是由人的情感共鸣产生的。因此,设计时除了要符合基本的空间设计法则,还要充分了解使用者的心理需求。

界面设计是室内设计中视觉形象的重要体现,要充分利用界面的形状、色彩、图案、质地和尺度加强空间氛围。通过形式美法则让空间显得光洁或粗糙、凉爽或温暖、华丽或朴实、通透或闭塞,从而使空间环境体现出应有的功能与性质。在界面上往往有很多附属设施,如通风口、烟感器、自动喷淋、扬声器、屏幕和白板等,这些设施往往由其他工种设计,直接影响空间的使用功能与美感。为此,室内设计师一定要与其他工种密切配合,让各种设施相互协调,保证整体空间的和谐与美观。

在室内设计中,还可以通过界面设计体现民族性、地域性、时代性等特色。在界面中用砖、软石、毛石等具有乡土气息的材料来进行体现,还有竹藤、麻、皮革等,可以使空间具有田园意味;还可以利用不锈钢、玻璃、镜片、磨光石材等塑造空间的时代感。通过不同的材质,可以反映出界面设计的特色,来烘托整个空间的特色设计。由于室内空间是多种多样的,每个空间除了功能不同之外,所展现的个性也不同,因此设计师应该根据空间的特色和主题进行总体设计,在界面设计上应该符合空间主题。例如餐饮空间中,除了基本的尺度和材料之外还要考虑空间特色,良好的界面设计可以突出空间效果,起到烘托主题的作用。如图 3-19 所示。

原始的建筑空间中,局部位置会有一些缺陷,这时可以通过界面设计进行改善。比如,在狭小的空间中可以采取横向水平划分界面的方式进行视觉上的引导,加强室内空间的开阔性;在较压抑的空间中,采取垂直划分界面的手法,从视觉上加强空间的高度,还可以利用一些材料,比如玻璃等,产生延伸视觉的效果。如图 3-20 所示。

4. 材料选择原则

在室内空间的界面设计中,具体实施离不开材料,选择什么样的材料不仅关系到空间造型、功能以及造价,还关系到人们的生活与健康。因此在进行界面设计之前,要充分了解材料的物理特性和化学特性,尽量选择环保、无污染、无毒害的材料,如硅藻泥、环保漆等。利用材料特性进行具体造型时,要考虑材料的软硬、冷暖、粗细等特点,尽量符合环境的功能要求,既满足了视觉造型的要求,又达到了安全环保的标准。同时还应该考虑材料的经济性,尽量降低造价,同时也要方便日常维护。如图 3-21 和图 3-22 所示。

 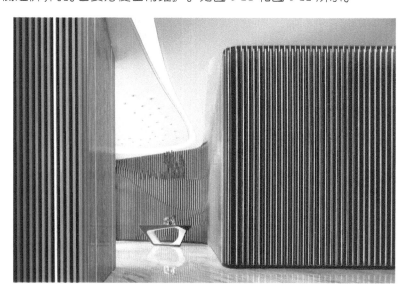

图 3-19　造型美观性原则 1　　　　　　　　　　　　图 3-20　造型美观性原则 2

图 3-21　材料选择原则 1　　　　　　　　　图 3-22　材料选择原则 2

二、界面设计的类型

水平界面和垂直界面是室内空间界面的两大主要类型，其中水平界面包含空间中的地面和顶面，垂直界面包括空间中的墙面、隔断、柱体等。

地面是承载人和物的界面，是与人接触最多的界面，也是空间中最基本的界面，它还有划分人流动线的作用。地面的界面设计，形式变化比较多，比如有高低变化、材料变化、颜色变化等。同时也要与顶面、墙面的造型设计相呼应，达到室内空间的整体协调。如图 3-23 和图 3-24 所示。

图 3-23　地面设计 1　　　　　　　　　图 3-24　地面设计 2

顶面是室内空间顶部的结构部分或装饰部分,它是室内空间中体现设计含量最多的界面之一,通过顶面的造型设计配合相应的灯具,使顶面富有设计感和艺术性。大堂空间设计中,顶面一般与大型灯具或艺术悬挂物相呼应,体现出大空间的体量感。

墙面是室内空间中最重要的界面,它不仅有承重和分隔空间的作用,还对室内空间整体视觉氛围营造起到至关重要的作用。人的视平线高度为 1200 mm~1600 mm,这也是人在直立平视情况下视觉焦点的高度,所以墙面的装饰和造型是人的视觉最常触及的。我们在墙面上做装饰或做造型,基本上都是在视平线的高度范围,这样才不会使人因仰视或俯视而感到不舒服。在室内空间中,设计师一般会设计一个视觉焦点或视觉中心,比如背景墙或主墙面,视觉中心一般都是在墙面上进行设计。

墙面造型设计的方法有三种:

(1)墙面造型设计可以通过墙面图案的处理或构造产生基本的造型设计,比如通过几何形体在墙面上进行组合构成的图案,可以形成凸凹变化的立体效果感,造型简洁,比较符合现代化风格。还可以通过装饰画来丰富墙面的画面感,既可以丰富视觉效果,又可以在一定程度上强化主题。

(2)墙面的材质设计。可以通过不同的材质产生不同的视觉效果和触摸感,比如可以采用墙纸,通过墙纸上的图案来协调室内空间色彩,加强主题性;还可以采用瓷砖、木板、油漆、硅藻泥等进行墙面设计。

(3)墙面虚实关系设计。墙面为实,门窗为虚,因此墙面与门窗形状、大小的对比变化,往往是决定墙面形态设计成败的关键。在室内墙面的虚实设计中,还可以运用照明设计来营造虚实感,光与色彩空间、墙体奇妙地交错在一起,形成墙面的虚实明暗和光影形态变化,这时很容易通过照明设计中的投影,对墙体界面进行视觉分隔,形成明暗对比的空间效果,也能够加强墙面造型的立体感。墙面的照明设计一般采用人工照明光源,人工照明光源一般采用筒灯、射灯、灯带等。如图 3-25 所示。

图 3-25　墙面设计

柱体属于建筑的承重构件,它既有功能性也有艺术性。功能性是指柱体是具有承载作用的建筑构件,它是地面与顶面的垂直连接,是建筑中不可或缺的要素。艺术性主要是指古今中外的柱体都是具有代表性的建筑元素,例如欧洲五大古典柱式,包括多立克柱式、爱奥尼柱式、科林斯柱式、塔司干柱式、混合式柱式,它们已经远远超越了柱体的功能性,以它们特有的造型,散发出独特的艺术风格,这些柱式在当代设计中也能经常看到。室内空间中的柱体设计可以通过造型来体现,比如欧洲古典柱式,也可以通过材质来体现。

顶面位于空间上部,具有位置高、不受遮、视感强等特点,另外,顶面作为水平界定空间的实体之一,可以起到突出重点、增强秩序感与深远感的作用。顶面设计,特别是吊顶设计,往往糅合了造型、色彩、材质等

多种设计手法。从顶面与结构的关系来看,顶面一般分为显露结构式、半显露结构式、掩盖结构式。

1. 显露结构式

顶面的各种设备完全暴露于空间结构中,称为显露结构式,它是现代室内设计的新型结构,如图 3-26 所示。

图 3-26　显露结构式

2. 半显露结构式

半显露结构式一般是一部分进行遮掩,一部分设备暴露出来。在进行顶面设计时,应该和结构、设备巧妙结合,在重点部分进行造型设计,做局部吊顶。如图 3-27 和图 3-28 所示。

图 3-27　半显露结构式 1

图 3-28　半显露结构式 2

3. 掩盖结构式

掩盖结构式是完全覆盖设备结构的一种顶面设计形式。它是将顶面进行整体设计,虽然没有地面、墙面的视觉冲击力大,但是它的形态、色彩、质地和图案将直接影响室内气氛。如图 3-29 所示。

图 3-29　掩盖结构式

三、构成元素在界面设计中的运用

1. 点在界面设计中的运用

点没有大小之说,相对于块来说它的面积感稍微弱一点。在室内设计中,点可以使平淡的界面变成视觉焦点,吸引人们的目光,比如吊灯就是一种点的形式。点元素在界面设计中的运用可以是单独的形式,也可以是排列组合的形式。点的排列组合是界面设计常用的形式,比如马赛克的样式,带有点形状的地砖,还比如人民大会堂顶部灯具的排列组合设计等。

2. 线在界面设计中的运用

线在几何学中的定义是"所有点移动的轨迹"或者是"面和面相交的线"。线在界面设计中的应用很广泛,基本上每个界面和转折面中都会运用线的形态,其中运用最多的是直线、折线、曲线,还有一些不规则的线条。线本身具有不占据空间形体的特征,但它可通过线的集聚,表现出面的效果;再运用各种面的包围,形成封闭式的立体空间造型。

不同的线在界面设计中的表现是不同的,例如:直线给人的感觉是舒适、安逸、整洁等,折线给人感觉特别的轻快、活泼、开朗,曲线则给人感觉特别的轻盈、优美、自由。所以,不同的线型在界面设计中的运用效果是不同的,无论是粗线、细线还是不同线型重新组合出来的新线条,都会给人带来不同的视觉感受。如图3-30 和图 3-31 所示。

线在界面设计中的运用可以采用半抽象构成设计:强调长短、大小、疏密、应接、向背、穿插等规律和结构;利用强弱、高低、节奏、韵律等有规律的变化来表现自然界的形象和充沛的情感。

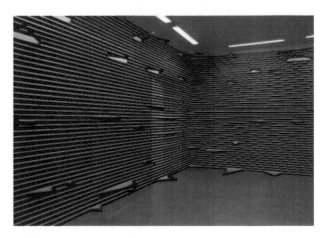

图 3-30　线在界面设计中的运用 1　　　　　图 3-31　线在界面设计中的运用 2

3. 面在界面设计中的运用

　　面是介于线与块之间的型材。它是由长、宽二维素材构成的,具有延展性,是线移动的轨迹。面在室内设计中运用最广,地面、墙面都是面,室内中的造型设计也多采用面元素,面在界面设计中具有非常重要的装饰作用,能够改变空间关系,丰富视觉效果。

　　面的形态是多种多样的,例如:自由的面、规则的面。自由的面是指自由的线和不规则的线形成的平面。规则的面是指圆形、椭圆形、矩形等。规则的面在界面设计中给人一种端庄大气的感觉,在不同的界面处理上,可以利用不同的装饰材料,例如,木纹装饰面可以体现自然的特性;金属面可以体现现代感;镜面可以给人清爽的感觉等。为了使"面"具有独特的设计效果还可以进行图案设计,如图 3-32 所示为上海世博会波兰馆,建筑外立面上镂空设计了独具特色的民族图案。在室内界面上还可以通过面的排列展现设计美感,如图 3-33 和图 3-34 所示,通过曲面的秩序排列,形成室内卖场空间。

图 3-32　上海世博会波兰馆

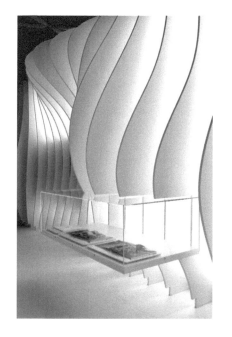 

图 3-33　室内卖场界面设计 1　　　　　　　　图 3-34　室内卖场界面设计 2

4. 体在界面设计中的运用

体和面不同的地方在于,"体"是有厚度的、连续丰满的,具有稳重安定的分量感,具有施压和抗压的能力,在界面设计中经常应用的形式有几何体、抽象体、具象体。

5. 色彩在界面设计中的运用

视觉、听觉、触觉等感觉中,视觉是最容易打动人的,在室内空间中,色彩是最直接映入眼帘的,最为显著和直接的。在界面设计中,还要进行色彩的搭配,根据空间的功能属性和人们的心理需求以及空间氛围的营造等因素进行协调的色彩搭配,应注意色彩搭配的基本原则。比如,要注意冷暖的对比、明度的对比、纯度的对比、色相的对比。良好的色彩搭配再配上经典的造型,往往会带给人不一样的视觉感受,使人陶醉其中,心情愉悦,这也是一种室内空间整体氛围营造的常见手法。如图 3-35 和图 3-36 所示。

图 3-35　室内界面色彩设计 1　　　　　　　　图 3-36　室内界面色彩设计 2

6. 材质在界面设计中的运用

在界面设计中,把设计的突破点放在材质的变革上,会得到很多的变化效果。大量借助材料的颜色、肌理、质感来营造室内空间氛围,是室内界面设计的常用手法。随着科学技术的发展,装饰材料也日新月异,对于新材料的研究和运用也越来越多。对于材质美感的设计通常有两种方式:一种是在保持设计同一性的基础上,通过对比充分展示材料的强烈质感魅力;另一种方式不关注对比关系,而注重材料本身的特征,这在现代室内空间的界面设计中经常被使用。

四、界面设计的手法

建筑室内空间中的界面设计发展到现在,已经由原来强调空间与界面的组成关系,演变出更多的独立发展空间。界面基本特征的变化直接导致了界面设计手法的改变。传统的界面设计只是对界面进行二维连续性的改变,比如进行翻、卷、折的操作,这是界面的一大特点。现在的界面探索,更多的是从二维连续性到三维的变化,尤其是结构主义被引入建筑之后,加上现在的计算机、三维辅助设计等技术性手段,使界面设计的手法和形式越来越多,比如三维变形、塑性变形、扭转和流转等手法,已经运用到了界面设计中。

1. 切割

迈耶的建筑作品中常常用到"化体为面"的手法。在新泽西的 Grotta 住宅设计中(见图 3-37),迈耶将平面进行原始性的还原,体现出它的方向性和延展性。具体做法是将室内空间中的结构和围合墙体进行分离,将相互垂直的墙身与顶面拆散,形成相对独立的平面,使之相互交错,体现方向性和延展性;在原来圆柱体的固定状态下将顶棚与墙面交接部位的开窗打断,使之变成松散灵动又彼此融合的空间。此时的室内空间不再是单纯的封闭围合空间,而是融入了光线、景观,与室内外环境相统一的一个新空间。

在美国联邦法院大厦(见图 3-38)的设计中,迈耶为了打破体量的沉闷感,在个体柱状的墙面上进行连续性的开洞切割。这种手法轻巧灵动,在视觉上使墙面形成了一个通透的形态,这种手法也常常运用在他的建筑外部设计当中。由此营造出轻盈通透的空间,保持了室内外设计风格的一致性。

斯蒂文·霍尔在圣依纳爵教堂(见图 3-39)的大厅主立面的处理上,将局部切割的矩形墙面悬挂在内墙面上,使光线从悬面和内墙面之间的空隙透入,室内空间中散射着柔和的光线,显得安详神秘,消减了重量感和体量感。而位于纽约的 D. E. Shaw&Co(见图 3-40),为了形成一个统一的整体空间,霍尔大面积采用了白色,在大厅的墙面上进行了掏挖与切割,室内墙面进行了部分掏空,同时强调围合面的层次和有限的空间深度,使空间显得轻盈而通透,摆脱了方盒子的沉重感和封闭感。与之手法一样的是安藤忠雄的光之教堂,十字架从主立面中切割出来,让人难以忘怀,如图 3-41 所示。

图 3-37　新泽西的 Grotta 住宅

图 3-38   美国联邦法院大厦

图 3-39   圣依纳爵教堂

图 3-40   D. E. Shaw&Co

图 3-41   光之教堂

2. 折叠

1)单体空间中界面的多向折叠

在单体空间中,为了得到极具几何感的参差表面,可以对界面进行不同方向、多角度的、反复折叠,从而形成强烈的动态视觉冲击。在现代室内设计中,界面的可折叠性得到了充分的发挥。

2005 年开放的西班牙马德里的 Puerta America 酒店,如图 3-42 所示,召集了数十位世界顶级的建筑师进行室内设计,共 12 层的酒店中每层均由一位建筑师进行室内设计,包括哈迪德、诺曼·福斯特、矶崎新等。很多楼层的室内处理,创造出了全新的室内空间感受,主要运用了独特的室内界面设计手法。酒店的第四层由 Plasma 事务所设计,设计师伊娃·卡斯特罗和霍格·肯汉姆一反传统酒店安静的形象,延续了一贯大胆的几何形态设计,带放射效果的不锈钢材料被大量运用在公共空间中;墙面、顶面更是利用破碎的三角形

体块形成凹凸不平的效果,充分利用破碎的镜面、不锈钢几何形体以及线形灯光来制造视觉的动态冲击,营造迷离的空间效果,强化一种前卫时尚的空间体验。

FOA 建筑事务所认为,界面设计应注重包装、内部和外部、重力和失重三方面,这些手法也被深入运用到室内空间处理中。折叠的方法也常被他们用来组织室内外空间,FOA 设计的日本横滨市国际海港总站如图 3-43 所示,采用了界面折叠的手法,这个方案涉及横滨的公共空间系统和海港的游客流线组织,建筑的屋顶被处理成基地所处的 Yamashita 公园的一个部分,其设计目的是成为公园与港口,以及横滨市民与外来参观者之间的交流空间。在具体设计中将城市景观延伸到港口建筑的整个表面,采用地景式的折叠,形成自然山地形态,为室外空间提供了自然的空间体验;在室内呼应着建筑外观的形式,将界面折叠搭建成不规则的空间形态;室内空间的界面处理成倾斜的表面,创造出折叠式的动态体验空间,折缝空间容纳强度大,打破了传统建筑路径结构和建筑界面之间的分隔关系,支撑建筑不同功能之间的路径。这种折叠形式使室内空间与室外环境,以及城市的环境交融在一起。

图 3-42　Puerta America 酒店　　　　　　　　图 3-43　日本横滨市国际海港总站

2)多层空间之间界面的折叠

室内多层空间中,常采用界面的折叠处理手法,其中对室内坡道的折叠处理是使用得最早、最广泛的手法。早在勒·柯布西耶设计的萨伏伊别墅中,庭院中楼层间的交通组织就采用了坡道而不是楼梯的方式,是室内界面折叠的雏形,用这种手法来取得空间的连续性。这是早期运用空间折叠的先驱代表作,之后坡道作为创造空间流动性的手段,融入了时间因素,在很多建筑中出现。到当代建筑,坡道的运用变得更加精彩,代表人物就是诺曼·福斯特,在德国国会大厦(见图 3-44)和伦敦的市政厅(见图 3-45),都运用了坡道设计,将坡道连通到建筑顶部,进行完美的空间韵律的创造。

坡道促使了折叠空间的出现。折叠空间常常在地面上进行界面设计。地面如同被折叠后拉开的纸,有机联系着不同楼层空间,产生了连续性的行进路线来串联空间,打破了不同楼层的独立分裂关系。室内空间设计发展到现在,为了避免传统空间带来的单调,满足人们对空间形态日益多样化的视觉审美要求和心理要求,折叠界面设计被大量运用到室内空间中,取得了良好的效果。

图 3-44　德国国会大厦　　　　　　　　　　　　　　　　图 3-45　伦敦市政厅

　　库哈斯在图苏大学图书馆设计中,通过折叠使建筑内部形成了多层空间,各层之间以各种斜坡面相互连续,如图 3-46 所示。这种楼层之间的折叠,打破了室内空间水平流通而竖向封闭的局面,消解了传统空间中界面的三维分立。同时,在竖向上不时设置的共享空间,加大了流通。室内空间相互交错,不同楼层人物的动态活动场景相互交织,纷纷呈现在视觉体验之中,室内仿佛都市生活场景的剪影,反映出室内空间与城市、建筑的关联。

图 3-46　图苏大学图书馆设计效果图

3. 碎片

具有反形式、分散、解体性等特征的后现代主义出现后,瓦解了传统经典的建筑风格和形式。打散形式的碎片被无序地拼贴到建筑中,激荡着人们的视觉感受,给人们带来一种新的建筑体验。解构主义的出现,让人们对碎片的感染力有了充分的认识,促进了人们对传统建筑形态的视线转移,"碎片"成为一种新建筑手法。在表面"碎片"的空间里,通过一定的秩序形成片段式的、非连续的动态形式,使人们对建筑产生一种位于深层知觉的不确定的、含混多义的时空感受。建筑的主观审美观照脱离了建筑的物质性,获得历史性改变。

室内界面设计经常为了创造一种新的秩序和组织逻辑,而制造出强烈的视觉冲击,碎片所带来的片段性的空间体验,通过建筑形体的相互碰撞、形体自身的爆裂或对形体表面的肢解等手段,形成碎裂的界面效果。同时加入时间概念,碎片也具有了"事件"的含义,创造出一种动态的异质性空间体验,给空间带来一种强烈的不稳定感和断续感。早在1982年"香港之峰俱乐部"的竞赛方案中,哈迪德就采用了碎片的形式,这也是她常用的设计形式之一。她设计的维特拉消防站、LFone园艺展廊以及Moonsoon旅馆等很多作品都可以看到碎片的影子。Moonsoon旅馆室内,餐厅与休息室的设计用冰与火的主题:"冰"主题,冰的造型通过碎片的形式进行体现,用玻璃和金属体现内含大量锐角的家具,室内中心的顶面为变形的金属片状造型,强化了碎片的感受;火的造型体现为螺旋造型,产生出红、黄、橙色的火焰,同样尖锐的金属片状造型也出现在火焰的塑造中。

4. 卷曲

界面的卷曲也是当代建筑及室内设计的重要手法之一,通过卷曲,使空间产生一种运动感和有机性。卷曲的界面使竖向立面的元素消失,将空间的平面和立面,甚至顶面连接成一个整体,形成不同楼层的室内空间的自然延续。这种手法在很多建筑师的作品中都有反映,比如Eye beam工作室、FOA建筑事务所、雷姆·库哈斯等的作品中。

德国柏林的格拉弗特事务所设计的Q酒店的一楼,如图3-47所示,采用折叠起伏的界面进行空间划分,以电梯间为中心,形成三个功能区,分别是接待厅、休息廊和酒吧;传统的墙体分隔空间的做法被彻底抛弃,取而代之的是一种起伏折叠的地景式的处理,红色的地面被掀起、倾斜、抬高,随后起伏形成座椅和展示的陈列台,一直延展成相邻空间的顶部界面。界面没有传统界面的明确界限,通过穿插流动、相互渗透,维持了整体的统一。同时,由起伏形成了一定的围合,有了各功能区的简单划分,界面既是空间视觉造型审美的目标又具有一定围合的功能作用。在这里,建构了一种新的空间逻辑,传统呆板的空间感受被打破,取而代之的是轻松、自由、愉悦之感。FOA建筑事务所的作品常被人称为"为地球表面做的整容手术",就是采用翻卷的界面,将它们变异成扭曲的螺旋。通过这样的卷曲形成流线感表达当代社会生活的速度与时代变化的不确定性。在伦敦的BBC音乐中心竞标方案中,FOA就是将墙面的一部分处理成剥落下来的卷曲状态,像受潮耷拉着的壁纸,因此在竞标中胜出。

位于意大利佛罗伦萨的UNA维特多利亚酒店(见图3-48),由菲比尔诺·维姆波设计。接待厅中的马赛克拼贴采用迷人的植物涡卷花纹,如同可卷曲折叠的织物一样,从墙面连接到接待台,再延伸到接待厅的地面,形成一种整体、流畅,具有连续性的空间感,让人眼前一亮。

图 3-47　Q 酒店的一楼　　　　　　　图 3-48　UNA 维特多利亚酒店

5. 变形

变形是另一种室内界面设计手法,是一系列保持、加强和建立建筑概念或建筑秩序的操作方法。变形不是一味地改变,在变形的时候要了解每个事物自身的特性,感受和理解原型的主要特征,理清一些次要特征并对其进行梳理与建构。按照法国史学家丹纳的观点,抓住了事物的主要特征,也就是掌握了事物的本质。室内界面的变形就是为了达到设计目的,通过变形强化来突出空间特色。空间变形基本可以划归为两种类型,一种是扭曲,是偶然和非理性的变形;另一种是理性的变形,指形体根据某种固定原则变化,通常用变形率和比例来加以控制。

扭曲常常被运用到室内空间的界面处理中,而像迈耶设计的亚特兰大高等艺术博物馆中,理性变形运用得较少,虽然运用了级数变化手法来处理三重球面的比例关系,但更多的还是基于建筑形体层面的扭曲变形来考虑的。

1)界面的扭转

建筑设计中比较常用的手法之一是界面的扭转。界面扭转常常通过线或面围绕轴线或轴心做规则的旋转,得到一个扭转曲面。这样的界面扭转在轴线或轴心的作用下具有一种向心性和方向透视感,使扭曲的面产生空间视觉中心感,增加了空间的韵律美感。

芬兰现代艺术博物馆由斯蒂文·霍尔设计,该博物馆大厅的设计就运用了界面扭转来组织参观者的视线,同时还利用了透视原理,加强了透视的视觉效果,让入口位置更加醒目。

2)不规则曲面

在当代建筑设计中,不规则曲面在规整的室内空间中进行组合,往往可以增加建筑的韵律美和不规则的跳跃性,给人以与众不同之感。但是这样不规则的律动也要适量,如果运用得太多,难以协调统一,会使造型凌乱和破碎,使建筑室内外空间难以把控。人们的审美更加倾向多元化,传统的建筑不再是唯一的形式,不规则曲面的解构主义建筑逐渐被人们接受。在当代建筑里,不规则曲面的设计是在解构主义思想兴起后产生的,其代表人物是弗兰克·盖里,他的设计作品中的常用手法就是在室内空间中插入一个异形的曲面体,基本由不规则曲面构成,充满了雕塑性。

盖里设计的 Conde Nast 餐厅,如图 3-49 所示,将蓝色钛金属板和玻璃进行扭曲,覆盖在原来的矩形室内空间中,并配上异形曲线的家具,动感十足,视觉效果新奇。他的另一个作品西雅图音乐体验馆,室内空间的曲面犹如熔化了一般,流动着金属液体,界面完全自由了,加上金属板面上鲜艳的色彩和迷离的流光,更加体现了流动之美,像音乐一般让人随之舞动。

不规则曲面也是哈迪德在室内设计中常用的手法。在 2004 年北京规划展览馆第四层的"未来家居"(见图 3-50),设计中,哈迪德对她的曲线设计进行了解说:"There is no future without curves."所有的空间墙体和家具被完整地连接在一起,用曲线取代了常规室内空间中的地板、墙和门等界面因素,用流畅的线条一气呵成,创造出一个梦幻空间。西班牙马德里的 Puerta America 酒店设计中,哈迪德做了第一层室内设计,同样用了"未来家居"的空间处理手法。在极简风格的白色空间里,流线型有机形态将整个楼层的墙面和顶棚融合在一起,墙面极具延展性,曲折形成了休息座椅;客房走道凹凸变化的墙面配合整体空间的动势,随着公共空间的流线一直延伸到客房室内,绵延出床体、床头柜等室内家具,勾勒出空间的优美流线。

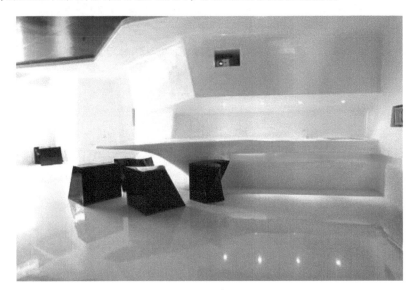

图 3-49　Conde Nast 餐厅　　　　　　　　　图 3-50　北京规划展览馆第四层的"未来家居"

3)界面的材料并置和拼贴

空间离不开其物质属性,绝对的、匀质的、无特性的空间不可能真实存在。海德格尔也说:"我们日常所穿越的空间是由位置所设置的,其本质植根于建筑物中"。建筑空间的特征和气质就是由物质材料所决定的,空间的质量同样取决于物质材料的美感。界面材料、界面形式等诸多因素构成了界面的物质特性。营造空间的客观因素是界面,建构界面的物质手段则是材料。界面和空间的调节可以用材料进行设计,比如塑造界面形态和空间的方向感等。随着建筑发展对文脉、生态的日渐关注,材料与界面有着一种互动的关系,在建筑及室内设计中越来越受到重视。科技的发展促使了越来越多新材料的出现,对新材料的运用也越来越多地出现在空间界面上,使建筑走向了新的形式。

界面设计常用材料并置和拼贴的方法,就是把不同色彩、体量、质地和肌理的材料交叠在一起,创造出一种视觉的多样性和触觉的差异性,达到塑造空间动感的目的。长期以来,材料并置和拼贴一直作为一种带有平面装饰意味的设计手法,在室内空间中得到运用,是表达空间形态特征的重要手法之一,它往往使简单的空间或界面形式,蕴藏更多层面的内涵,更直接地表达出建筑的气质和功能属性。20 世纪初立体主义的兴起,拼贴成为一种绘画艺术的重要手法,并引入建筑设计之中。荷兰风格派的建筑作品在室内设计中便常运用形式拼贴的构成手法,这一直影响到当代室内界面设计。当代美国艺术家劳申伯格的艺术作品中,拼贴构成是一大特点,他通过把不同材料、形式、内容的元素并置在一起,来破解画面的整体性。他的方法对当代建筑设计有很大的启发。盖里的建筑风格一定程度上受到劳申伯格的影响,在他的早期作品盖里自宅的设计中能够看出,他恣意运用了铁丝网、波形板、加工粗糙的金属板等廉价材料,采取拼贴、混杂、并置、错位等各种手段,挑战人们既定的建筑价值观和被捆缚的想象力。

材料的并置并不是对材料的简单罗列,而是通过发掘其内在属性的相互关系,重新组织起一种秩序。这种秩序往往与空间周边场所的现有秩序(包括物质的和意识形态的)相呼应,从而体现出建筑对场所,对人文的尊重、关注或者反抗,材料本身的魅力是不可估量的。赫尔佐格和德墨隆事务所的建筑设计中比较关注对界面材料的处理。他们运用一切可能的材料,推向极端,揭示出材料的物质性所蕴藏的感染力,从而扩展建筑的领域,表达建筑的意义。

6. 多层化倾向

当代的室内空间中,双层或多层界面的设计手法,得到了大量运用。在某个空间界面上进行多层面的重叠,也是获得室内空间层次的重要手法。通过重叠的界面,形成凹凸和阴影,产生体量的虚实变化。这种手法,在室内空间比较局促,不能采用体量的腾挪变化时,尤为实用,使单一的表面立体化,具有空间的进深感。在某些大面积单一室内空间界面上采用,可以使室内空间的尺度更加适宜,层次更丰富。

1)多重界面包被

室内空间中,在多个单体空间外,加上一个整体的包被层,或者在单体空间中嵌套一个或多个小空间,是一种比较常见的室内设计方法,它形成了室内的多层次空间和多重界面。

位于德国柏林的 Fritzsch & Mackat 办公室,阁楼空间的顶部被设计师嵌入了一个圆形玻璃体的会议室,如图 3-51 所示。光线穿过玻璃及支撑结构,进入"悬浮"着的玻璃体会议室,再投向室内,在内部空间中形成多次投影,留下层层叠叠的、生动的光影,丰富了视觉感受。时间的因素也被纳入室内空间中,透过光影的运动,带来不同的空间感受。

这种空间包被的手法,在库尔哈斯设计的法国国家图书馆方案中得到了比较好的体现(见图 3-52)。图书馆是一个 35 万平方米的五层独立巨型建筑物。建筑室内的主体空间为一个立方体,包含着建筑的公共空间,几个空间通过电梯连接与支撑,电梯"悬浮"在公共空间之中,建立起主体和其他空间的联系。在这里,主体空间的界面起到了外层包被的作用,内部有机形体的悬浮体,如一个个胚胎,通过联系纽带,获得空间活力,这无疑使建筑内部空间有了某种关于生命和宇宙的象征意义。从单个空间到公共空间,再由公共空间到室外,建筑的多重包被,不经意中形成了多重的室内界面,丰富了空间的层次和内涵。

图 3-51　Fritzsch & Mackat 办公室　　　　图 3-52　法国国家图书馆的设计方案

加利福尼亚的设计与经营学院由克里夫·威尔金森设计。在学院东方工作室的设计中,室内嵌套了一个"水槽式的会议厅",钢结构的外面包裹了一层蓝色玻璃板,成为空间中的视觉焦点。而在西方工作室中,设计了一个架空的蓝色会议室,会议室由墙体折叠翻卷而成,喻示翻卷的波浪,突出"水"的设计概念。

2)多重界面形成的多层室内空间

在单体室内空间体量中,利用多重界面互相嵌套、渗透,能够将多个室内空间联系起来,取得多层次的空间效果。如此,则打破了空间中的实体,揭示出空间的意义;同时将围合界面的"面"的本质,重新呈现出来,成为划分空间的手段,也形成了各个空间之间的联系通道。

迈耶设计的亚特兰大高等艺术博物馆中,从中庭望向弧形坡道方向,坡道、中庭、围护墙面、回廊墙面以及后部的庭院空间之间相互渗透,并且由于各楼层设计的界面层数各不相同,呈现不同的景深,形成了丰富的空间效果。在著名的千禧教堂设计中,球面界面无疑是空间的焦点,三重界面延伸到室内,被分别从底部切割出一个矩形的洞口,如同三道重叠的幕帘,形成舞台化的室内场景,切开的洞口暴露出球面的厚度,加强了空间和界面的对比,使二者相互映衬;阳光透过三重球面之间的天窗,投下线形的光影,使室内空间的层次更加丰富和生动,如图 3-53 所示。

图 3-53　千禧教堂

室内空间中,地面的高低变化也可以取得丰富的空间层次和跌宕起伏的室内效果,同时起到划分心理空间的作用,满足人们活动交流的私密性需求。

比较常用的增加空间层次的方法还包括在顶棚上进行多重覆盖。通过多次覆盖,可以在大的室内空间中,界定出小的具有视觉中心感或具有私密性的特定空间。加利福尼亚的设计与经营学院中,在东方工作室里设计了一个水池,水池边上摆设了白色的沙滩椅,模拟游泳池的效果;水池上方悬吊的立方体构成圆形的穹顶,并印有椰子树的图案,引发海的联想,突出水的概念,立方体及穹顶的二次覆盖,使水池区域与大空间形成心理的划分,提供了一个融洽的休息、交流环境。

7. 界面的信息化倾向

当前建筑表面信息化的两个重要特征是信息符号与建筑表面的一体化和传统的实体信息符号虚拟化,这两个特征也清晰地反映到室内空间的界面设计上。

在信息泛滥、媒体多样化的后工业信息时代,媒体几乎铺天盖地,这成为一大发展趋势,人们的生活已经网络化与数字化。与人们生活方式密切相关的室内空间,信息化倾向也成为必然,其具体表现就是图片和影视图像在室内界面上的应用。

现代商业的发展,使波普艺术的影响也扩展到商业、展示及其他公共空间之中。影视图像往往被处理成室内界面的一部分,作为建筑的主题,直接反映空间所要表达的情感和功能。处于后工业信息时代"读图时代"的今天,室内界面信息化倾向的发展,使图片、色彩在室内界面得到更多的运用。商业与媒体的结合,加速了室内界面信息化的进程,随着当代建筑的商业性日渐增强,商业化对室内界面的个性表达提出了更高的要求,这一切为图片和影视图像引入界面设计提供了便利条件。

同时,网络化带来的"读图时代",使视觉因素(图片和影视图像)成为最直接的表现手段。在人们对建筑的感知方面,视觉因素的传播能力远远大于空间感知体验的传播能力,人们可以轻易地获得某个建筑的影像图片资料,利用这些二维的画面对建筑形体、三维空间做出评价。而空间感知体验,则必须通过人类活动的亲身参与,才能得到最准确的个体感受,远远不及视觉因素快捷。于是,读图时代的特征与商业化需求相结合,促使了文字、图片和影视图像在室内界面中的应用。

8. 界面的智能互动倾向

随着室内界面信息化的深入,人们已经不再满足于视觉的被动接受,创造能对人类活动产生即时反应的互动空间成为新的追求。通过智能化设计,利用多种媒体形成一个灵活可变的系统,建立起空间和身体运动之间的互动关系,它可以根据使用者的身体运动和精神感应而相应地调整空间的形状、尺寸和氛围。同时,这种调整反过来又会影响使用者的行为,形成空间与人的对话。

Pure Design 事务所在日本居住建筑设计竞赛中的方案——居住在缪斯女神被服务的地方,如图 3-54 所示。在以 NURB 表面为基础构筑的居住单元里,通过引入可以阅读人类情感的电子传感器,在空间表面和人的活动之间建立一种以二十四小时为基础的互动变化关系。空间的大小与形状可以根据使用者的身体状况与心理要求进行相应的调整,使得建筑和人类的创造活动交相辉映。

图 3-54　居住在缪斯女神被服务的地方

Shinei Sheji Yuanli yu Shijian

第四章
室内空间类型与设计原则

室内空间的划分形式比较多，按照多种依据可以划分成不同的类型，但考虑到室内设计的功能性，我们可以将室内空间的类型按照其使用性质进行划分。室内设计包含的内容比较广泛，我们主要探讨几种常见的室内空间。

▼

第一节
住 宅 空 间

▲

住宅空间在室内空间类型中占有极其重要的地位，它是人类最重要的生活场所，关系到每个人最基本的居住需求，关系到每家每户的切身利益，而且还关系到整个城市与国家建设的发展。

人类的需求总随着社会的发展而不断提高，因此住宅空间设计已由最初仅仅满足居住的需求变得越来越复杂和多样了。不仅要满足最基本的功能需求与社会属性，还有审美特性的要求；还要根据不同地区民族地理条件和社会环境，以及风俗习惯、生活习性、兴趣爱好的不同来进行有针对性的设计。住宅空间设计首先要解决的问题是居住者对它的多方面要求。这种要求构成了住宅空间在设计上的某些共同属性，这种属性具体表现在以下几个方面。

第一，家是温馨的港湾，是个人的私密空间，可以给我们足够的安全感。因此，私密性和安全感是住宅空间的共同属性。在住宅空间设计中，充分体现私密性的空间包含卧室、卫生间、浴室、书房等。在私密性的基础上，还应该强调通风、采光等要求。

第二，满足家人的生活需要。住宅空间设计归根到底是对生活方式的基本规划安排，这在很大程度上取决于家庭成员的结构和各成员对室内空间的使用要求、生活习性以及住宅的面积大小。它既涉及设计学的知识，也涉及社会学与心理学的知识。因此，无论是哪种类型的住宅空间，无论住宅空间的面积大小，最基本的功能空间都包含起居室、餐厅、卧室、厨房和卫生间。面积较大的户型还可以设置玄关、工作室、衣帽间、保姆室、储藏室、影音厅、健身场所等。

第三，满足"可持续性"发展的需求。随着人们对环保的日益关注，在住宅空间设计中强调环保可持续的需求也越来越强烈，这就要求设计师必须考虑设计的环保性、安全性、可持续性。可持续性在住宅空间中的表现，主要是建筑材料的使用要符合国家环保标准，保障人们的健康。这也是随着社会与时代的发展，人们从最基本的住宅需求、心理需求到审美需求再到现在对环保需求的转变。

第四，满足"舒适性"需求，创造良好的室内活动的物质环境和精神环境。根据国外家庭问题专家的分析，每个人在住宅中要度过一生的 1/3 时间。而家庭主妇和学龄前儿童在住宅中居留的时间更长，甚至达到 95％，上学子女在住宅中消磨的时光也达 1/2～3/4。因而，人在住宅中居留的时间比例越大，室内空间的舒适性就越重要。住宅的空间构成实质上是家庭活动的构成，可以归纳为三种基本空间，室内空间按照三大基本空间性质进行细化设计，空间的舒适感就会更强烈。

第一种是群体活动空间。群体活动空间主要包含家庭成员的一些主要活动，比如聚会、聊天、阅读、用餐、游戏、饮茶等内容，如图 4-1 和图 4-2 所示。在室内空间中划分出的起居室、餐厅、游戏室、家庭影院等也属于群体活动空间。

第二种是私密性空间。私密性空间是为单个家庭成员设计的，要按照家庭成员的个人需求来进行设计，主要包含卧室、书房等。

第三种是家务活动空间。家务活动空间是人们日常生活工作的大本营。家务活动一般包括准备膳食、洗涤餐具、衣物清洁、环境整理等内容,因此家务活动空间主要是厨房、操作台、清洁机具,以及用于储存的设备。

衔接这三大基本空间的是交通联系空间,包括门厅、前室、小过厅和过道等。这部分是串联各个职能空间的,在设计上应起到承前启后的作用,不要过分花哨,关键是比例、尺度和色彩的对比调和。

随着人们对居住的舒适性要求不断提高,以及新技术、新材料、新设备进入现代居室当中,设计理念也在不断发生变化,住宅空间的舒适性也逐渐提高。目前,住宅空间的变化趋势主要有以下三种:

(1)根据基本的三大空间不断进行丰富,并且更加明确,更加细化。

(2)空间设计的多功能。这绝不是因为空间太小而不得不做的多功能,恰恰相反,它体现了一种技术的更新、空间的利用,是一种价值观念的转变。

(3)设计可变动空间。住宅空间并不是一成不变的,可以根据家庭成员结构的变化使空间功能产生灵活性的变动。

图 4-1　群体活动空间——茶室

图 4-2　群体活动空间——客厅

在进行住宅室内环境分区介绍之前,我们有必要明确住宅空间设计的要求:安全性和私密性是住宅设计的前提;其次,室内的功能分区要满足使用者的要求,注意各活动区域之间的毗邻关系,要注重陈设的作用,适当淡化界面的装饰,还要注重厨房和卫生间的设计与装饰;最后是总体的设计风格要通盘考虑,这种通盘考虑并不是要求所有的空间分区都保持同一种风格,我们在设计具体的功能空间时可以采用不同的风格。

一、玄关

玄关是进入住宅的第一个空间,是室内与室外的过渡空间。它是人们进出住宅的必经之地,能够有效地指引和控制人们的出入。其美观性与功能性,在住宅空间设计中非常重要。从美观性的角度来说,它是给来访者留下初始印象的地方,能够让来访者领略到住宅的装修风格与特点,为随后进入居住空间打下基础。玄关空间更重要的是它的功能性,这对于日常收纳与生活便捷非常重要。

1. 玄关的行为活动需求

(1)物品存放。在玄关部分需要有一个空间来进行物品存放,比如鞋柜、台面等用来放置鞋、提包、帽子、钥匙等物品,以及雨伞、雨衣等潮湿物品,同时还需要设计买菜进门和带垃圾出门的暂存空间。

(2)换衣换鞋。由于玄关部分涉及进出,少不了脱鞋、换鞋,因此这个部分的设计需要对鞋子的收纳以及穿鞋、换鞋、取鞋等进行考虑。在玄关部分要设置坐凳,其位置应该方便从鞋柜中拿取鞋子;不仅要考虑一个人使用时的情况,还要考虑多人同时换鞋、整理服装的情况。

(3)鞋类物品储藏。玄关是人们进入居住空间的第一个空间,为了保证玄关部分鞋类物品摆放的整洁,有必要考虑鞋类物品的储藏设计。在玄关部分需要考虑家庭成员的鞋的总数,鞋的分类,按照鞋的高度、当季鞋或换季鞋等来设计,保证收纳合理,使用方便。如图 4-3 所示。

(4)洁污分区。为了避免将室外的尘土带入室内,一般在玄关处会更换室内拖鞋,这就需要在玄关设计洁污分区。因此,玄关的地板材料必须有足够的防滑性能、较好的耐污性能和较高的硬度。

(5)仪容、礼仪。在玄关部分可以设置穿衣镜,方便家庭成员出入时检查自己的仪表仪容,如图 4-4 和图 4-5 所示。同时,玄关空间也是邻里、亲朋好友进行寒暄、短暂聊天、递送礼物的空间,涉及一个家庭的基本礼仪。

图 4-3　玄关空间 1

图 4-4　玄关空间 2

(6)设备需求。玄关部分往往会有一些基本设备,比如门铃、电表箱等。门外门铃的高度应设置在小孩能够得到的位置,预留电灯接口时要考虑到门厅的整体照明和局部照明,并适当兼顾家具的摆放与设置,如鞋柜、穿衣镜等。电表箱应尽可能放在人的视线不容易看到的地方,盖板颜色应与最终的墙面颜色一致或接近。

(7)生活便捷需求。玄关部分还涉及我们日常生活中的抄表签字、快递接收、外卖接收等活动,需要设计写字和提取的空间。因此,设计一个台面是很有必要的,如图 4-6 所示。

(8)心理需求。设置玄关还应该保证一定的私密性,防止室内空间被一览无余,如图 4-7 和图 4-8 所示。玄关处设计隔断,阻挡视线,既实现了私密性,又形成了玄关的空间划分。

图 4-5　玄关空间 3

图 4-6　玄关空间 4

图 4-7　玄关空间 5

图 4-8　玄关空间 6

2. 玄关的家具及尺寸设计

玄关必须优先考虑放置鞋柜和坐凳，方便人们入室、出行时脱鞋、穿鞋、储藏鞋等一系列的活动。

第一种形式是一字式，如图 4-9 所示，即坐凳和鞋柜并排放置。这种形式比较适合过道较窄，两侧墙面较长的玄关空间。在设计时应考虑鞋柜的内部净尺寸为 330 mm～360 mm，加上门套线所需的 50 mm，靠鞋柜的墙垛应大于 400 mm，最好为 450 mm。当玄关过道较宽时，可以考虑设立衣柜，衣柜的深度一般是 600 mm，加上门套线所需的 50 mm,靠鞋柜的墙垛应大于等于 650 mm。

　　第二种形式是双排式,如图 4-10 所示,即坐凳和鞋柜双排放置,适合过道较宽的玄关。玄关的坐凳与入户门的距离应大于门扇宽度,避免开门时相碰。当入户门为双开门时,玄关应适当加大宽度,保证放置鞋柜的 400 mm 的墙垛。玄关净宽不足时,如果入户门要采用双开门,玄关的墙垛可能不足 400 mm,这时宜在鞋柜和墙之间放置伞立,且玄关宜较长,以提供足够的放置鞋柜的空间。

　　第三种形式是 L 式,如图 4-11 所示,即坐凳和鞋柜呈 L 形摆放,鞋柜与坐凳或墙体(隔断)以 L 形布局,其中一面墙体或鞋柜可以作为入户对景,避免客厅被一览无余。

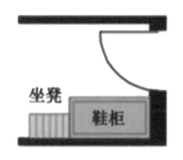

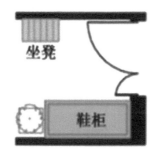

图 4-9　一字式　　　　　　　图 4-10　双排式　　　　　　　图 4-11　L 式

3. 玄关设计的注意事项

　　(1)调整户型,设置玄关。若原方案没有考虑玄关空间的设置,在修改方案中,通过改变厨房开门的方式,为入口处增加鞋柜和坐凳的位置。也可以通过对厨房和卫生间的调整,增加厨房的实际利用面积,对卫生间进行干湿分区,使入口处多了可以放置鞋柜的空间。

　　(2)玄关面积可大可小,在玄关面积较小的情况下,要保证主要的通道功能及最基本的收纳需求。在玄光空间稍微大点的情况下,可以满足人们的视觉审美和心理需求,比如可以在过渡部分设置屏风进行隔断,既可以美化空间,同时也能够保证住宅内部的私密性。玄关的陈设可以营造一定的氛围,也是提升家庭居住品质的手段。在灯光照明方面,玄关的灯光照明不要太耀眼,柔和的灯光有助于引导客人进门,营造温馨的氛围。入户处的地面铺装需要以耐用、清洁为主,在此基础上可以进行适当的装饰图案美化。

4. 玄关设计的案例

　　住宅设计原方案中没有考虑玄关空间的设置,如图 4-12 所示。在修改方案中,通过改变厨房的开门位置,为入口处增加了鞋柜和坐凳的位置,使住宅空间的功能分区更加明确,如图 4-13 所示。

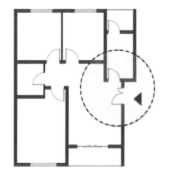

图 4-12　原方案　　　　　　　图 4-13　修改后的方案

二、起居室

　　起居室的造型和使用功能设计是住宅空间设计的重点，往往也是整个家居空间的核心所在。因此，过去很多人会不遗余力地打造电视背景墙。现在，人们逐渐开发起居空间，将它的功能拓展以符合自己的生活需求，比如将起居空间设计为亲子空间，也可以设置成兼带书房功能的空间。起居空间往往能够反映主人的生活方式、兴趣爱好、文化程度、修养和审美品位，因此也是住宅空间设计的一个高潮部分，是住宅室内设计的重点。起居室的设计除了要考虑职能家具和造型外，还应考虑起居空间与私密性空间之间的分隔和联系。具体而言，就是既要保持起居空间与其他空间之间的交通联系性，又要在视觉和听觉上保持公共空间与私密性空间的分离感。由于起居室的职能特性，导致起居空间的设计往往是住宅室内空间设计的重中之重。

1. 起居室的设计风格

　　起居室位于住宅空间的核心位置，它的风格与特征主导着整个住宅空间的风格。对于起居空间的风格选择与特征表现，需要按照使用者的意愿来进行设计。设计师应结合现代工艺技术和材料元素以及设计潮流给使用者提供合理的建议，与使用者沟通好设计意愿并将这种意愿转化成现实。起居室风格应与住宅整体风格一致，有工业风起居室（见图 4-14）、日式风起居室（见图 4-15）、北欧风起居室（见图 4-16）和新中式风起居室（见图 4-17）等。

图 4-14　工业风起居室　　　　　　　　　　图 4-15　日式风起居室

图 4-16　北欧风起居室　　　　　　　　　　图 4-17　新中式风起居室

2. 起居室的空间形态和平面功能布局

起居室的空间形态主要是由建筑设计的空间组织、空间形体的结构构件等因素决定的,设计师可以根据功能上的要求通过界面的处理和家具的摆放来进行改变。起居室是家庭的多功能场所,图 4-18 中通过移动木板门将起居室分作两个空间,一个是会客休闲空间,一个是书房空间。图 4-19 中起居室又与儿童游戏空间相结合,功能更加丰富。起居室是一家人在非睡眠状态下的活动中心,也是室内交通流线与其他空间相联系的枢纽,家具的摆放方式影响人在房间内的活动路线。

图 4-18　起居室空间 1　　　　　　　　　　　　　　图 4-19　起居室空间 2

3. 起居室的家具布置

起居室的家具主要包括会谈和休息所需的沙发、茶几,满足视听需求的视听组合家具及设备,满足聚会和消遣所用的酒水柜以及书报架等。其设计常常是以沙发为中心而进行的扩展设计,如图 4-20 所示是通过 L 形沙发将空间分为会客区与餐饮区两个区域,如图 4-21 所示是通过沙发围合形成一个会客交流休闲区域。在布置时应注意以下几点:

(1)客厅家具尺寸应符合空间要求,家具尺寸与空间尺度相适合。起居室空间较小应选择尺寸较小的沙发和茶几,沙发布局不要呈 L 式,会占用较多空间,可以尽量靠墙摆放避免占用过道,一字形靠墙摆放会显得空间较大,可以选择灵活组合的茶几。

(2)整体空间风格和环境氛围相协调。家具的选择要与整体空间风格相适宜,现代风格室内设计应选择现代式家具,款式与色彩保持与室内氛围相协调。

图 4-20　起居室的家具布置 1　　　　　　　　　　　图 4-21　起居室的家具布置 2

4. 起居室的装饰材料选择

在起居室的装饰材料方面,可以分为地面和墙面两个部分。在地面材料选择上,可以选择石材、瓷砖、木材和地毯铺设,如图 4-22 所示。设计师在地砖选择方面应该考虑整体地砖色彩,不使用过于强烈的对比色,局部可以拼贴搭配。选择地毯时,颜色应该与整体装饰协调。墙面可用乳胶漆、壁纸、饰面板等进行装修,可以搭配使用一些石材、玻璃、镜面或织物,如图 4-23 所示。但不宜过多使用石材、玻璃和金属,不仅因为这些材料过硬、过冷,更因为它们反射声音的能力太强,容易影响电视、音响的效果,甚至会影响日常会话的效果。

图 4-22　起居室的地面装饰材料　　　　　　　　图 4-23　起居室的墙面装饰材料

面积较小的起居室不宜使用图案复杂的地面装饰和进行较多的地砖图案拼贴,尽量以整体的色彩与简洁的图案为主;在墙面上也不适合做墙裙,这样容易使本就不大的空间,由于增加了一次水平划分而显得更加狭小。在面积较大的起居室中,可以在地面进行局部的拼贴,以增加变化感;也可以在墙面上进行墙裙设计增加装饰性。

5. 起居室的陈设设计

起居室的陈设设计主要通过灯具、艺术品和植物来进行呈现。在进行起居室的陈设设计时,一定要注意一个中心多个层次的基本原则,注重体现功能性、层次性和交叉性。市场上灯具繁多,在灯具的选择上一定要考虑灯具造型和风格与整体空间相一致,同时要搭配好灯具和射灯的光源,注意光源色彩的搭配;也要注意不同的灯具,如射灯、筒灯、吊灯、台灯的相互搭配,以实现新颖独特的效果。

艺术品陈设有较强的装饰和点缀作用,艺术品包含的内容较多,在起居室中进行装饰与点缀的常见艺术品有绘画、工艺品、雕塑、瓷器、剪纸等。艺术品陈设不仅能够起到渲染空间氛围,增加室内趣味性的作用,同时也可以陶冶情操,增加室内空间品位。在起居室的陈设部分,虽然说艺术品的选择多,但是也要结合室内空间的风格特点来选择适宜的艺术品,才能够达到较好的效果。

在起居室进行植物搭配是一个不错的陈设选择。可以选择常见的常绿植物,比如在电视机柜及沙发两侧摆放落地花瓶或常绿植物,如龟背竹等;在桌面上也可以摆放一些盆栽植物和花卉,如图 4-24 至图 4-27 所示。

6. 起居室的顶棚设计

起居室的顶棚很少全部做吊顶,否则会降低空间的高度。如果采用跌级吊顶,级数不宜过多,因为若在其内暗藏灯槽(级高应以不超过 250 mm 为宜),连续跌落两级时,空间高度就已减少约半米了。多数情况下,起居室顶棚设计都优先采用局部吊顶,或直接采用石膏浮雕等装饰。只有当起居室的净高较高时,才可以设计较为复杂的天花和装饰,但也有别于公共空间,设计不宜太过复杂。

图 4-24　起居室的陈设设计 1

图 4-25　起居室的陈设设计 2

图 4-26　起居室的陈设设计 3

图 4-27　起居室的陈设设计 4

7. 起居室的照明设计

起居室的照明设计可以采用多种不同的照明组合。可以在中心位置使用相对华丽的吊灯或吸顶灯;陈列柜架的上方或内部,可以采用强调展品的投光灯;钢琴上方,可以采用装饰性强的装饰灯;酒吧台的上方,可以采用吊杆筒灯或镶嵌灯;也可将某些灯具安装在壁饰的后面,从而使壁饰更加突出,甚至给人以飘浮的感觉;还可以在阅读功能要求不强的起居室安排装饰灯作为基础照明。照明开关可以分组设置,这样,在进行不同活动时,使用不同的灯具,可以形成不同的氛围。在灯具的选择上,要注意灯具外形与其所在空间的协调关系。

灯光对营造氛围必不可少,起居室照明重点要考虑视听设备,自然采光为首选,人工光源应灵活设置,照度与光源色温应有助于创造宽松、舒适的氛围。在会客时,采用一般照明;看电视时,可采用局部照明;听音乐时,可采用间接光。起居室的灯具装饰性强,同时要确保坚固耐用,风格与室内整体装饰相协调,最好配合调光器使用,可在沙发靠背的墙面装壁灯。起居室的照明色彩宜选用中基调色,采光不好的起居室宜使用明亮色调。起居室的照明设计如图 4-28 至图 4-33 所示。

图 4-28　起居室的照明设计 1

图 4-29　起居室的照明设计 2

图 4-30　起居室的照明设计 3

图 4-31　起居室的照明设计 4

图 4-32　起居室的照明设计 5

图 4-33　起居室的照明设计 6

三、餐厅

餐厅是住宅空间中非常重要的一个场所,民以食为天,一日三餐都少不了在餐厅空间中进行。当然餐厅的空间功能也不是单一的,它还是家庭成员进行情感沟通、交流信息的重要场所,是全家人聚在一起的日常活动空间之一。

　　餐厅的位置往往靠近厨房。根据大多数家庭的生活方式,餐厅的主要家具有餐桌椅、餐边柜、酒柜等。有的餐厅靠近出入口区域,还会进行一定的装饰与隔断设计。餐厅的设计同样要根据整体住宅空间的大小及居住者的需求进行设计,其功能形式在组合上有多种变化,最常用的有以下几种形式:

　　(1)独立式餐厅适用于住宅空间较大的家庭,如图 4-34 所示。

　　(2)餐厅＋起居室是目前一般家庭采用最多的方式,如图 4-35 所示,餐厅和起居室共处于一个较大的空间中,使得视觉和活动的空间都得以增大,有的设计在两者之间设有屏风、活动门等。

图 4-34　独立式餐厅

图 4-35　餐厅＋起居室

　　(3)餐厅＋厨房的形式在现代社会中被愈来愈多的公寓式小家庭所采用。这种看起来时髦新鲜,也是人类最原始的"边煮边吃"的方式,既精简了室内空间,又别具一番情趣。这类设计形式多样,可以延伸工作台,也可以设置独立小餐桌,如图 4-36 所示。

　　(4)餐厅＋厨房＋起居室,这是快节奏都市生活的产物,小型的居住空间、家庭成员的简单化、烹饪设备的更新和餐饮习惯的改变,使得以前脏乱的厨房和住宅中最体面的起居室与餐厅合并在同一个空间成为可能,如图 4-37 所示。

图 4-36　餐厅＋厨房

图 4-37　餐厅＋厨房＋起居室

　　餐厅需要营造一个稳定、安全、温馨和放松的就餐环境。如果餐厅处于独立空间中,这就给了设计师较大的发挥空间,在与总体风格相协调的情况下,自由营造出餐厅应有的氛围。如果餐厅和起居室没有绝对分隔,一般情况下要求与起居室的设计风格一致,在布置上往往也是起居室的延伸。有时候为了显示两个分区的差别,餐厅可以采用与起居室不同的地面高差和材料,采用不同的照明设计或将顶棚高度进行差异处理。

1. 餐厅的布局设计

餐厅的布局主要考虑空间的大小,然后进行餐厅家具尺寸选择、家具位置安排以及立面造型设计。在餐厅与起居室没有明显分界的空间里,如果将餐厅安放在起居室的一头,能够通过家具围合形成一个就餐区域。这样不仅可以划分出一个空间,也不占地方,还能够与墙面形成呼应。独立的就餐区域可以设置餐边柜及酒柜等;也可以将餐桌居中摆放,这样有利于家人进行交流,但是在空间有限的住宅里不宜这样摆放。

独立式餐厅里空间界限较明显,一般根据房间形状及总体风格来进行餐桌椅的选择,可以选择长方形或椭圆形的餐桌进行摆放。选择合适的餐桌椅是很重要的,总的原则是餐桌大小、餐厅大小和就餐人数多少相匹配。餐桌应该高 760 mm,每个用餐的人需要有宽 460 mm 的空间,要保证餐桌边缘至墙面距离不小于 1120 mm,如果过道要摆放餐柜,则要留出宽 1370 mm 以上的空间。餐桌离餐柜的距离应该有 910 mm,这样才能方便用餐的人拉出椅子坐下。如果餐厅不是很大,可以选择小巧的餐柜,餐柜上可以摆放一些别致的艺术品,如一件雕塑、一个装饰性的盘子或一盆绿色植物等。

2. 餐厅的灯光照明

餐厅的灯光照明主要指餐桌上方的照明,可以选择利用吊灯照亮餐桌,也可以安装壁灯照亮坐在餐桌边用餐的人。吊灯的风格可以和餐厅的家具风格相统一,也可以形成强烈的对比。吊灯的尺寸不能过大,最好选择较小的灯,一般吊灯的直径最好是餐桌宽度的一半,并且悬挂在离餐桌 760~910 mm 的正上方;壁灯一般固定在离地面 1520 mm 以上的地方;餐柜上可放置台灯,提供与就餐者视线相平行的灯光照明,也可以选择放置漂亮的烛台,蜡烛柔和的光线会让餐厅的气氛更温暖。

3. 餐厅的细节设计

餐厅空间较为狭小时,墙面的处理可以为餐厅增加几分活力,将餐厅墙面进行亮色处理,能让人食欲大增。当然,在墙面上装饰艺术品,或者设计一个小书架,再放上几本书,都是非常合适的做法;选择一些色彩、图案丰富的桌椅、椅垫、窗帘和桌布也能让人心情愉悦。布置餐厅家具时,不一定要选择成套的家具,可以用不同风格的桌椅混搭在一起,相互补充;还可以选择褪色的旧家具,搭配一些旧瓷器,营造一种怀旧的生活情境,同样意趣十足。

四、厨房

厨房是住宅空间的"动力车间",是提供日常饮食及家人共同劳动和交谈的重要场所,也是住宅中细节元素最多的地方,除了煤气、水电等基础设施之外,还需要考虑到防火、防电、防污、耐腐蚀等性能的设计。

1. 厨房的布局设计

厨房的布局主要有封闭式和开放式两种。封闭式厨房在烹饪时所产生的油烟不会影响其他空间,也便于厨房的清洁,但不利于家人相互交流。开放式厨房的优点是能够将劳动与生活相衔接,形成一个活泼生动的空间,有利于空间的节约与家庭共享,缺点是不利于中式的烹饪,油烟容易影响其他空间。

根据日常操作程序可以在厨房设计三个工作中心:储藏与调配中心(冰箱)、清洗与准备中心(水槽)、烹调中心(炉灶)。厨房布局最基本的概念是"三角形工作空间",是指冰箱、水槽、炉灶之间连线构成工作三角区,即所谓工作三角法。利用工作三角法,可形成 U 形、L 形、走廊式(双墙式)、一字形(单墙式)、半岛式、岛式等常见的布局形式。

1)U 形厨房

工作区共有两处转角,空间要求较大,如图 4-38 所示。水槽最好放在 U 形底部,将配膳区和烹饪区分设两旁,使水槽、冰箱和炉灶连成一个正三角形。U 形两边的距离以 1200 mm～1500 mm 为宜。

2)L 形厨房

将三大工作中心依次配置于 L 形空间中,如图 4-39 所示。最好不要将 L 形的一边设计得太长,以免降低工作效率,L 形的厨房空间运用比较普遍、经济。

图 4-38 U 形厨房

图 4-39 L 形厨房

3)走廊式厨房

走廊式厨房是将工作区沿着两面墙布置。在工作中心分配上,常将清洗与准备中心和储藏与调配中心安排在一起,而烹调中心独居一处。走廊式厨房适合狭长的空间,要避免有过大的交通量穿越工作三角区,否则会造成不便。

4)一字形厨房

一字形厨房是指把所有的工作中心都安排在一边,通常在空间不大、走廊狭窄的情况下采用。所有工作都在一条直线上完成,节省空间。但注意避免"战线"太长,否则容易降低效率。在不妨碍通行的情况下,可安排一块能伸缩调整或可折叠的面板,以备不时之需。

5)半岛式厨房

半岛式厨房与 U 形厨房类似,但有一条边不贴墙,烹调中心常常布置在半岛上,而且一般是用半岛把厨房与餐厅或家庭活动室相连接。

6)岛式厨房

岛式厨房是将台面独立为岛形,是一款新颖别致的设计,台面可灵活运用于早餐、熨衣服、插花、调酒等活动。这个"岛"充当了厨房里几个不同区域的分隔物,同时其他区域都可就近使用它。

2. 厨房的储藏量设计

厨房的储藏量一般是指炊具储藏与食材储藏。在炊具储藏中,有炊具储藏、餐具储藏和辅助器具储藏。通过日常调研可以得出:一个普通家庭在炊具储藏方面,锅会有 6 个左右,一般 2 个置于炉灶上,另外的会进行储藏,以备随时拿出来使用,其使用空间大约为 0.1 立方米。餐具储藏指的是碗盘等的存放,在一个四口之家中,大概会使用 30 个餐具,另外再加上玻璃杯、酒杯、茶杯等杯具,大约会占用 0.05 立方米。辅助器具

储藏指的是一些小工具、刀具、洗涤用品、纸袋、保鲜袋、围裙等物件的存放,大约占 0.02 立方米的空间。

在设计炊具储藏空间时,可以根据炊具的形状、大小以及不同炊具的使用频率来进行设计。可以把不同的炊具,按照使用顺序放在高低不同的位置。调料类的物品应该根据使用习惯放在右边或左边,比如调料和一些汤勺等物品,应该放置在顺手可以拿到的位置。常用的砧板、刀、毛巾等物品比较容易受潮而滋生细菌,因此这些物品应该放置在通风防潮的位置。对于餐具的储存,应该把餐具分为常用餐具、不常用餐具、实用性餐具和观赏性餐具,根据使用频率,把常用的盘、碗、筷子、勺子、刀叉等放在容易取放的柜子中。

对于食材储藏,可以将食材分为易坏食材和不易坏食材来进行储藏,一般厨房的储藏空间是冰箱和柜子,柜子主要存放日常的一些粮食、干货、饼干、调料等,而新鲜蔬菜、水果、奶类等需要低温储藏,一般放置在冰箱里,因此在设计厨房时,要留有冰箱的空间和简易置物架的小空间。

3. 厨房的工作流程与人体工程学设计

在使用厨房的过程中,一般包含食物的储藏、食物的清理和准备以及烹饪等几个环节。这一系列的工作流程要按照人体工程学来进行分析并设计,厨房操作中所涉及的炉灶、餐具、垃圾桶、餐桌、碗柜、案板、杂物柜、冰箱、洗涤池的布置要有一定的考究,如图 4-40 和图 4-41 所示。因此,在厨房空间布局中,首先采用的是一字形、L 形、U 形,还有岛式等形式,在此基础上再进行具体的工作流程安排,保障使用的方便、合理。

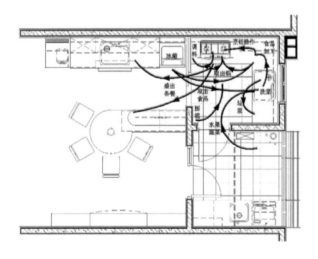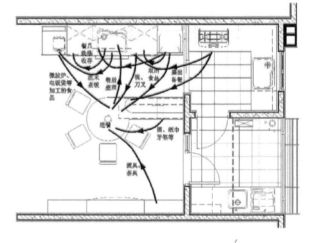

图 4-40 准备及烹饪阶段　　　　　　　　图 4-41 进餐及餐后清洁阶段

根据人体动作和使用者对舒适性及方便性的需求,在厨房设计中,往往按照空间高度划分为上部、中部、下部三个区域。中部区域以人体中线为轴,上肢半径为主要活动范围,是使用频率最高,也是视线最容易看到的区域,是储存物品最方便的地方,一般高度设置为 600 mm～1800 mm。中部区域一般设置中柜,位于操作台和吊柜之间,进深以 250 mm 为宜。下部区域一般存放不常用的物品或者是较重的物品,这个区域的高度是 600 mm 以下。下部区域一般设置低柜位于操作台的下方,一般由操作台的尺寸来决定低柜的尺寸。上部区域是不宜拿取物品的高区域,一般存放不常用的物品。上部区域一般设置吊柜,即在 1.8 m 以上到顶面的柜子。吊柜也是操作台上方的区域,当低柜进深为 600 mm 时,吊柜进深 280 mm～350 mm 为宜,吊柜进深可随低柜进深的加大而适当增加吊柜门,但不易过大,进深以 350 mm～400 mm 比较合适。

4. 厨房的细节设计

1)采光通风

阳光的照射使厨房舒爽又能节约能源,更能使人心情开朗。但要避免阳光的直射,防止室内储藏的粮食、干货、调味品因受光受热而变质。另外,必须要注意通风设计。但在灶台上方切不可有窗户,否则燃气灶具的火焰受风影响,不稳定,甚至会酿成大祸。

2)电器设备

电器设备应考虑嵌在橱柜中,把烤箱、微波炉、洗碗机等布置在橱柜中的适当位置,方便开启和使用。每个工作中心都应设有电源插座,还应考虑厨房电器应与电源处于同一侧。厨房的细节设计如图4-42和图4-43所示。

图 4-42　厨房的细节设计 1

图 4-43　厨房的细节设计 2

3)安全防护

厨房地面不宜选择抛光瓷砖,宜采用防滑、易清洗的材料;要注意防水防潮,厨房地面要低于餐厅地面,做好防水防潮处理,避免因渗漏造成麻烦。厨房的顶面、墙面宜选用防火、抗热、易清洗的材料,如釉面瓷砖墙面、铝板吊顶等。同时,严禁移动煤气表,煤气管道不得做暗管,同时应考虑抄表方便。另外,厨房设计要考虑到安全防护问题,如炉灶上设置必要的护栏,防止锅碗掉落;各种洗涤制品应放在矮柜里,尖刀等危险器具应放在儿童不易开启的抽屉里。厨房的安全防护设计如图4-44和图4-45所示。

图 4-44　厨房的安全防护设计 1

图 4-45　厨房的安全防护设计 2

五、卧室

卧室是供人们睡眠的场所,是家居环境中的一个核心空间。据调查统计,人的一生当中有1/3的时间是在睡眠中度过的,睡眠是人类生活中一个非常重要的部分。家是温馨的港湾,是我们恢复体力与精力的重要场所,因此卧室是家居环境中必不可少的部分。对于卧室设计来说,私密性与舒适性是基本原则。在舒适性方面,首先要考虑空间的合理划分,在卧室空间中,功能分区比较清晰,主要是睡眠空间、储藏空间、阅读空间、休闲空间和通行空间,如图4-46和图4-47所示。

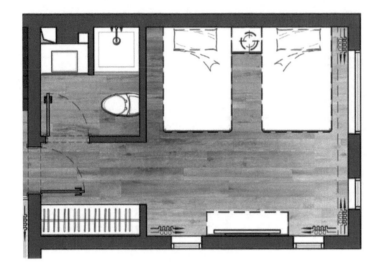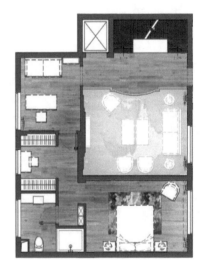

图 4-46　卧室功能分区 1　　　　　　　　　　图 4-47　卧室功能分区 2

功能分区要合理,并且保证家具尺寸适宜,比如床一般长 2000 mm、高 430 mm,床与墙边要留 760 mm 的距离以保证过道的宽敞性。卧室的光线要求比较高,睡眠空间的光线要以暖色为主,避免直线照射。卧室的灯光需要柔和浪漫,摆放台灯或安装壁灯可以增加照明区域,要选择适当的色温及光照度,保证睡眠质量,如图4-48和图4-49所示。要注意卧室墙壁的隔音与保温效果。卧室的装饰风格可以根据整体家居的风格进行不同的设计,根据主题选择不同色彩、不同图案的窗帘、床上用品、墙纸、地毯等进行软装饰搭配,进而营造别样的家居风格,产生别具一格的效果,如图4-50至图4-53所示。

图 4-48　卧室的灯光设计 1　　　　　　　　　　图 4-49　卧室的灯光设计 2

图 4-50　中式风卧室

图 4-51　现代极简风卧室

图 4-52　工业风卧室

图 4-53　日式风卧室

　　卧室中最主要的家具构成是床、衣橱、梳妆台、音像组合柜以及休息椅等。床是卧室中最大的家具,其布局要考虑整个房间的环境要求和私密性要求,同时要考虑与周围家具的活动空间尺寸。在卧室中,其他家具都必须围绕着床来进行安排,因此床的位置是整个卧室流动线的主导因素。在具体设计时,一定要考虑床与其他家具的尺寸关系,比如床与床头柜的距离,床与衣橱的距离,床与梳妆台的距离。另外还要考虑不同居住者的具体需求。

　　衣橱是卧室中存放衣物的家具,是储存空间中非常重要的组成部分。衣橱设计的重点是衣物的存放形式和操作的方便性。在存放量方面一定要统计一下居住者的衣物大小、数量、形式,确保衣橱空间的合理使用。梳妆台是卧室内女性色彩较重的家具,设计重点是与卧室的整体风格协调一致。

　　主卧是保障主人私密性的个人生活空间。在家居空间允许的范围内,可以配置着衣区、娱乐区、简单工作区、小型健身区、餐饮区。着衣区决定着卧室的实用性和秩序性,设计合理使居家生活极为方便,空间较大的情况下可以设计单独的衣帽间。餐饮区是在卧室空间较大的情况下安排小型的沙发座椅,作为轻松谈心或餐饮休闲的一个场所。简单工作区是在空间允许的范围内设置便捷的办公桌椅,方便处理一些应急的工作。小型健身区是在空间足够大的情况下放置小型健身器材,作为短时间灵活健身的一个补充空间。

　　当然在卧室空间里,还是以休息为主。在主卧的装饰设计方面,不论采用哪种设计风格,主要还是使用木地板和地毯,墙面多采用乳胶漆、壁纸或软包织物进行装饰,以营造恬静温馨的氛围为主,尽量避免偏冷

的瓷砖、石材等材料,以免给人带来冷漠生硬的不舒适感。卧室的色彩应该尽量保持淡雅柔和的格调,通常不宜采用明度特别高、颜色特别鲜艳的色彩,否则会对人的大脑产生过度刺激,不利于休息。色彩主要体现在窗帘、地毯等装饰物上,因此在选择软装饰搭配时,一定要考虑色彩搭配,尽量以舒适温馨为主。

儿童房的设计会随着儿童生理和心理上的变化而改变,有较多的预测性考虑。在儿童年龄较小的阶段可以选择无尖锐性棱角的弧线家具,室内空间以温馨活泼、趣味性为主。在儿童房的布置上,首先考虑功能分区,儿童房的分区主要有睡眠区、学习区、活动区、储藏区等,在布置的时候要充分利用空间,展现孩子成长的足迹。考虑到孩子各个成长阶段的需求,尽可能地提高房间的实用性与灵活性。其次,儿童房的设计还应考虑安全性,在材料的选择上,应该尽量减少使用大面积玻璃及镜面材料,避免使用有棱角的家具,避免存在用电的安全隐患。

儿童床不宜靠近窗边,床头上方不宜设置物品架,不放置易碎的物品。儿童房的窗户应该设有防护措施。另外,儿童房的设计要考虑儿童的身体尺寸,应该以儿童的身体尺寸作为重要参考依据进行设计。比如,儿童房门把手设置应该符合儿童使用习惯,衣柜、书桌等的尺寸也要符合儿童的身体尺寸,如图 4-54 所示。再次,儿童房的装饰性设计,在图案和色彩方面可以鲜艳活泼一些。房间的挂饰玩具等要符合儿童的兴趣爱好和个性特征,要有利于全面提高儿童的素质。如图 4-55 所示是儿童房图案搭配,如图 4-56 所示是儿童房色彩搭配。最后,儿童房收纳设计。儿童房容易乱,做好儿童房收纳设计能够培养孩子自主收纳的良好习惯。儿童房的衣柜要根据儿童身高来设计尺寸。尽量在儿童可及的高度设置收纳箱。可以在衣柜偏下的地方设置抽屉,方便儿童使用。在储物柜的下方可以设计开放格,方便孩子随拿随放物品,培养孩子主动收拾玩具和衣服的习惯。同时,学习区也可以进行收纳设计,书桌上方和下方都可以进行文具收纳设计。儿童房收纳设计如图 4-57 至图 4-59 所示。

图 4-54　儿童房家具尺寸设计　　　　　　图 4-55　儿童房图案搭配

老人使用的家居用品尺寸要合适,家具不能太高,宜选用低矮柜子。在家具造型方面,最好选用全封闭式的家具,避免落灰尘;家具上半部分尽量少放置日常用品,储物空间和抽屉数量可适当增多;抽屉的设置上,最下面一层不要过低和过深,要让老人使用时感到舒适,抽屉把手位置尽可能提高。同时还要考虑家具的稳固性,建议选择实木家具、固定式家具。给老人选择家具时要从老人的生活习惯出发,突出功能性和个性,可配置带按摩功能的产品、舒适沙发椅、具有磁疗功能的产品等;家具的静音设置不容忽视,睡眠质量对老人很重要。工艺品搭配设计要与老人进行交流,为老人选择合适的工艺品和装饰品,可将书法、绘画、摄影作品等作为主要装饰物。如果老人喜欢练习书法,可选择条案、砚台等物件进行装饰。

图 4-56　儿童房色彩搭配

图 4-57　儿童房收纳设计 1

图 4-58　儿童房收纳设计 2

图 4-59　儿童房收纳设计 3

六、书房

书房的设计能够体现居住者的爱好、情趣以及个人修养。书房是阅读、书写以及学习和工作的空间。随着社会的发展以及个人自我提高的需求,人们在家学习和办公的趋势也越来越明显。因此,现代书房的功能更加丰富。传统的书房主要以写作、阅读为主,配套的家具主要是书柜与书桌。由于现在人们在家学习与办公的需求,因此书房也参照办公室来进行布置,会配备打印机、电脑、传真机、投影仪等工作设备。除了家庭式办公之外,现代书房还是一个亲子共享空间,将儿童的学习与家庭的共同兴趣爱好进行完美结合,将书房作为家庭手工区、影视厅和游戏室来使用。同时,在现代人的书房中,灵活性也体现得非常透彻,有的书房还可以作为临时客房。书房的设计如图 4-60 和图 4-61 所示。

图 4-60　书房的设计 1　　　　　　　　　图 4-61　书房的设计 2

书房的布局应该根据书房的面积来选择适合的书桌、书柜和书架等进行空间组合,或者定制家具。在书房的色彩方面,应该尽量选择偏冷的色调,比如蓝色、绿色、灰色等,营造宁静素雅的空间氛围,有利于人们在书房空间里进行阅读、书写和休息等活动,避免使用对比过于强烈的色彩。

七、卫生间

卫生间是管道设施比较多的地方,是现代住宅设计中非常重要的空间。虽然卫生间在整个住宅空间中所占的面积最小,但是一个干净美观的卫生间可以满足人们洗漱、沐浴、保健、美容休闲、缓解疲劳等多种需求。

1. 卫生间的布局设计

在面积较大的卫生间里,可以按照人的活动形式来进行分类布置,可以分成洗漱间、淋浴间等不同功能区,这样的分区被称为浴厕分离,符合人们的生活习惯,因此受到很多人的欢迎。一般情况下,卫生间的器具主要包含面盆、便器、浴缸或淋浴器、毛巾架和储物柜。卫生间的便器、浴缸、洗漱池等有一定的尺寸,在布局时一定要注意这些器具与墙体之间以及器具之间的距离,要符合人的使用习惯。比如,便器的前端线至墙的间距不少于 460 mm;洗漱池前端线至墙的间距不小于 700 mm;浴缸纵向边缘至墙至少要留出 900 mm 间距。

2. 卫生间的装饰材料选择

随着时代的发展,卫生间的器具除传统的陶瓷洁具外,材料越来越多样,款式也越来越新颖,有大理石、塑料、玻璃、不锈钢、玻璃钢等材料制作的洁具,而且它们的功能随着现代技术的发展也越来越完善,由原来单一的功能向自动化功能发展。比如,有些洁具已经具备自动加温、自动冲洗、热风烘干等功能。其他器具也发展成高精度加工的高档配件,主要表现为美观、节能、节水、静音等特点。比如坐便器,由原来普通的坐便器发展成温水洗净式、自动供应坐便纸、电动升降的坐便器;浴缸分两种形式,一种是坐浴缸,一种是躺浴缸,不少家庭开始使用按摩浴缸,它的特点是水流成漩涡状,躺在浴缸中可以享受按摩与休闲,提高生活舒适度。淋浴间也可以进行成品定制,通过现场测量,工厂加工,现场拼装完成。卫生间的设计如图 4-62 至图 4-65 所示。

图 4-62　卫生间的设计 1　　　　　　　　　　　图 4-63　卫生间的设计 2

卫生间的地面和墙面材料多用石材、瓷砖、镜面和玻璃拼贴,通常以防滑和易于清洁为原则来进行选材。吊顶常采用铝塑板或金属板制作,吊顶上方管线较多,在设计时通常要保证卫生间的通风性,保证卫浴空间的干爽,因此应十分注意卫生间的通风和换气设备的安装,同时也要配备一些必要的附件,比如,毛巾挂件和洁具的存放架等。

3. 卫生间的灯光照明

卫生间的灯光照明以自然光为主,人工灯光为辅,两者共同作用。卫生间的灯光尽量以柔和为主,不宜直接照射。在面积较大的卫生间里,除了安装主灯之外,还可以安装镜前灯、壁灯等。卫生间的灯具一定要注意防水,卫生间的防水通风是十分必要的,因此需要安装换气扇以方便空气流通,同时要注意开窗通风。

图 4-64　卫生间的设计 3　　　　　　　　图 4-65　卫生间的设计 4

第二节
办 公 空 间

从工业化社会进入信息化社会之后,办公空间设计飞速发展着。办公空间的设计形式随着时代发展而不断产生变化,现代化的办公空间通常设置有行政区,商务区或企业区,以若干人员为一个单元共事的工作区,休闲区等。人性化的办公形式是未来办公空间发展的一大趋势。这一趋势会导致大公司组织管理的变化,将办公空间分散成若干规模不大、方便管理的工作单元,以保证员工的个性发挥和自主性,而中央商务区也将变成信息交流和形象展示的区域。办公空间由原来处理事务的地方变成了员工交流的场所,随着技术的提升和个性化需求的增加,办公空间设计对设计师的要求也逐渐提高,除了要具备美学知识外,还需要具备环境心理学、生态学、高级人类工程学等知识,利用交叉学科知识来进行综合设计。

一、现代办公空间设计的基本要素

现代办公空间的设计主要由人与机、人与人、人与环境这三大基本关系要素组成。

1. 人与机的关系

在人性化的办公空间中,要协调人与机器的关系,实现人能够利用机器便捷地工作,创造高效、舒适的工作环境。人与机的关系具体表现在三个方面:

首先,在办公空间设计中一定要注意办公设备的配置。网络时代技术的迅猛发展,大力提高了工作效率和生产力,因此要在办公空间中精心配置办公设备。办公设备的配置应首先了解设备的功能和实用性,而不是只看外在,应做到实在化的设计,如图 4-66 所示。

其次是办公家具。办公空间的家具造型和色彩可以反映整体空间的风格,在选择办公家具时,还要注意人体工程学原理,充分考虑使用者的工作性质。

最后是信息管理。办公空间是信息产生、处理和归档的场所,因此在设计时必须考虑整个信息生产系统在空间中的管理,要求设计师综合考虑科学的工作空间和设施,为办公人员的资料检索和储存系统准备充足的空间,方便他们进行资料的检索、收集和归档。

2. 人与人的关系

办公空间是重要的交流场所,是同事之间碰面、汇集信息、进行协作必不可少的空间。在办公空间中人与人要经常接触、交流才能产生互动,因此办公空间既要保证一定的私密性,同时也要创造更多的同事接触的机会。这样才能营造出良好的工作环境和团队合作的气氛,形成有效的企业文化精神。

3. 人与环境的关系

图 4-66　办公空间中人与机的关系

办公空间中人与环境的关系具体表现在人对环境的感知,这种感知主要表现在环境的空间形态、尺度、色彩、质感、光照等给人带来的不同感受,环境会对人的工作效率和人与人之间的交流与协作产生一定的影响。办公空间中人与环境的关系如图 4-67 和图 4-68 所示。

图 4-67　办公空间中人与环境的关系 1

图 4-68　办公空间中人与环境的关系 2

二、办公空间的设计原则

1. 灵活性原则

现代化的办公空间不同于以往的办公空间,以往办公空间的使用可以维持 20 年左右。随着时代的发展与进步,办公空间的使用周期越来越短,形式也越来越丰富。经济的繁荣发展促使大量公司的出现,为了适应时代的发展要求,办公空间必须具备灵活的设计形式,这就要求设计师在设计办公空间时,必须考虑灵活性和适应性的原则,根据员工工作性质、休闲需求的不同进行不同的办公空间设计。办公空间设计的灵活性原则如图 4-69 和图 4-70 所示。

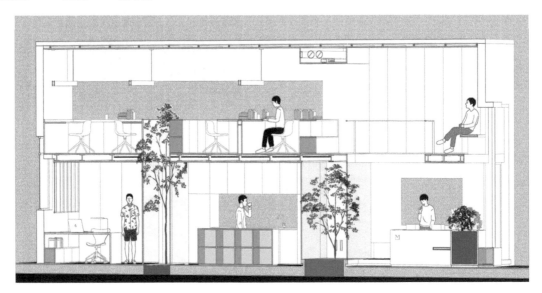

图 4-69　办公空间设计的灵活性原则 1

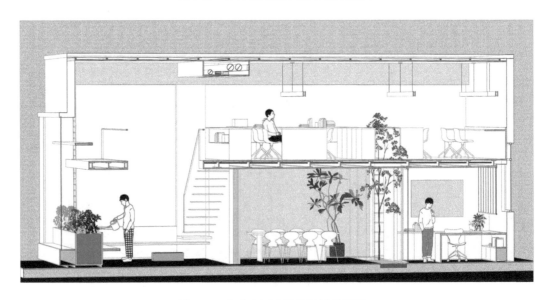

图 4-70　办公空间设计的灵活性原则 2

2. 人性化原则

当今社会越来越重视人的个性体验。办公空间为人们提供了一个良好的工作环境,工作环境的好坏影响着员工的工作心情和工作效率。在追求人性化的大背景之下,人性化的办公空间设计所隐含的经济价值难以估量。在进行办公空间人性化设计时,要符合人体工程学、环境心理学、审美心理学等要求,注重人的生理感觉和心理需求。在空间的造型、色彩、陈设、照明、视听条件、办公设备等方面符合工作的标准,形成舒适的、高效的,具有艺术感染力的工作场所,使人感到舒适。在工作区域的设计中,需要注意挡板的布置,要考虑到个人隐私问题,同时也要注意到员工之间的人际交往问题,掌握适当的领域范围,注重心理距离,安排合理的环境,给办公人员带来愉悦的心情。办公空间设计的人性化原则如图 4-71 所示。

3. 文化需求原则

办公空间不仅是员工交流、工作的场所,同时也是展示公司形象、与客户洽谈交流的地方,具备展示公司形象和宣传公司的重要职能。因此,办公空间设计要注意对内外空间的处理与安排。对内的设计需要在空间中重视企业文化需求,以增进企业员工的团结协作;对外的设计应考虑对客户进行宣传,展示企业精神和企业实力。办公空间设计的文化需求原则如图 4-72 所示。

图 4-71　办公空间设计的人性化原则

图 4-72　办公空间设计的文化需求原则

三、办公空间的组合形式

1. 独立式办公空间

独立式办公空间的特点就是各个空间相互不干扰,具有高度的私密性。这样的空间一般是提供给公司的高级职员或特殊工作类型的员工使用。独立式办公空间的缺点是缺乏员工之间的联系性与交流性。独立式办公空间如图 4-73 所示。

2. 开敞式办公空间

开敞式办公空间是将每个工作空间通过矮格板进行分隔,形成相对独立的工作区域,既便于员工的相互交流协作,同时也能进行功能分区,如图 4-74 所示。功能分区有两种形式:一种是将同类工作性质的员工

统一安排在一个开放的空间中进行自由划分;另一种是将不同工作性质或部门混合在同一空间进行统一划分。不管是哪种功能分区形式,都能够便于员工之间的交流,以及管理部门直接参与管理,同时信息的传递也更加高效快捷,是现代化的典型办公空间设计模式。在设计时需要注意空间组合的形式,也要注意私密性和员工的心理感受。

图 4-73　独立式办公空间

图 4-74　开敞式办公空间

3. 综合式办公空间

综合式办公空间就是将独立式办公空间与开敞式办公空间相结合的一种模式。这种办公空间是现代办公空间设计的发展趋势,它能够有效利用空间面积,创造和谐统一,富有变化性和个性化的空间环境。在空间布局上,将员工区域布置在开敞式办公空间,将高级管理部门安排在独立式办公空间。在总体布局中,将开敞式办公空间放置在中心位置,四周分布着独立式办公空间,或者采取错位的形式,在一侧设置开敞式办公空间,错位再设置独立式办公空间,如图 4-75 所示。综合式办公空间如图 4-76 至图 4-79 所示。

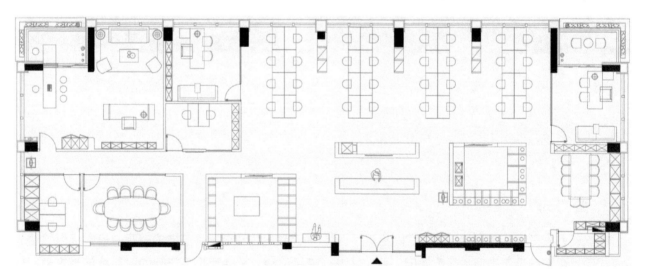

图 4-75　综合式办公空间平面图

图 4-76　综合式办公空间 1　　　　　　　　　　　　　　图 4-77　综合式办公空间 2

图 4-78　综合式办公空间 3　　　　　　　　　　　　　　图 4-79　综合式办公空间 4

四、办公空间的设计要点

1. 掌握工作流程以及功能空间的需求

办公空间是一个既独立又相互关联的空间,不同的公司工作流程不尽相同。因此,在设计时,除掌握办公空间的基本功能(见图 4-80)之外,设计师还要充分了解公司的工作流程、各个空间的使用需求以及常规设备的要求,再结合现场进行因地制宜的有效设计。

2. 确定各类空间的平面布局和面积分配

在确定办公空间平面布局和面积分配时,应该根据办公空间的使用性质、建筑规模和相应标准来确定。既要考虑现实需求,也要考虑办公空间随着企业发展变化而进行调整的可能性。

平面布局应该以办公空间的功能为首要条件。根据各类空间的功能及对外联系的密切程度来确定空间的数量和位置,比如门厅、会客室等对外性质的办公区域,适合设置在出入口的地方。员工工作区域是办公空间的主体部分,可以采取多种形式进行有效组合,做到既保证员工的工作交流,又保证员工的私密性需求。同时,在工作区域可以设置员工休息区,方便员工缓解工作压力,增加员工之间的沟通交流,方便员工

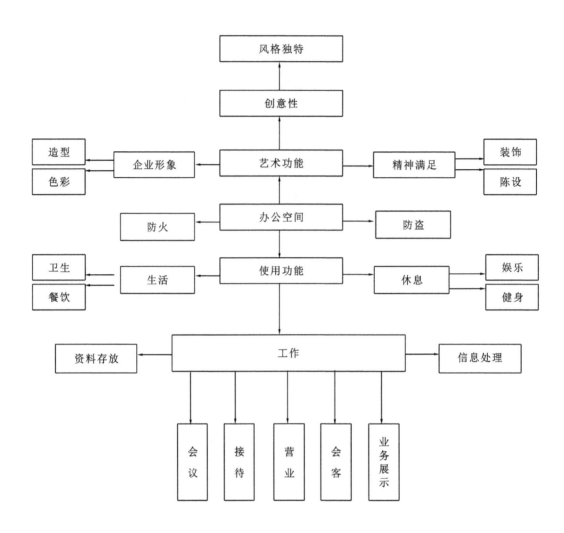

图 4-80 办公空间的基本功能

调整情绪以更加轻松愉快的心情高效工作。最后还要考虑卫生间、服务用房、设备用房的布局安排。办公空间的平面布局如图 4-81 至图 4-83 所示。

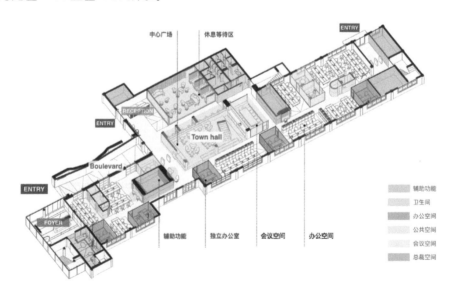

图 4-81 某办公空间一楼平面布局

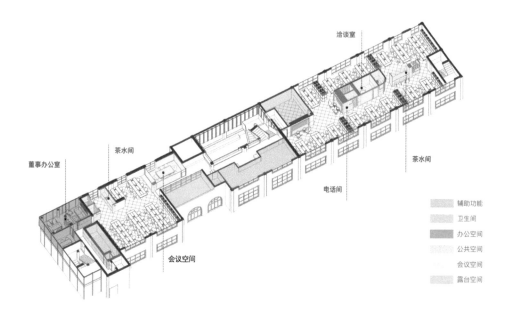

图 4-82　某办公空间二楼平面布局

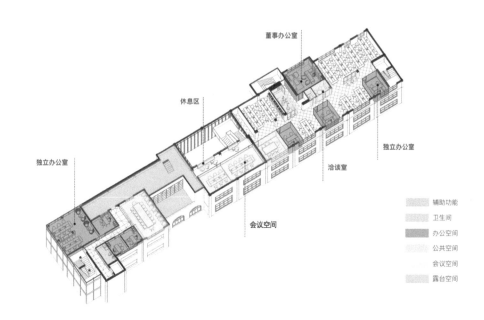

图 4-83　某办公空间三楼平面布局

3. 确定出入口和门厅设计

根据办公空间的序列组织关系,办公空间的出入口是办公空间的"前奏曲",是一个起始阶段,因此出入口的设计是尤为重要的。一般来说,对外联系较为密切的部分应设计在靠近出入口或主通道的位置,既作为主要的功能区,同时又可以展示办公空间形象,常常涉及传达、收发、会客、问询、展示等功能,布置有门禁系统、保安室、办公楼内各空间的信息牌。确定好出入口之后,开始组织办公空间的交通流线,使不同职能的人员有序流动,将几大分区有序地组织串联起来。

门厅是进行接待、洽谈、客户等待的地方,也是集中展示公司形象和企业文化及规模实力的场所。在进

行门厅设计时,需要注意以下几点:

1)简洁化设计

门厅的人流量较大,在进行设计时,力求简洁独特,不宜设计得太复杂。在满足主要的功能,如接待、等候、内部员工打卡出行等功能的基础之上,尽量做到易于人流疏散和简洁大气。

2)公司视觉形象设计

门厅还有一个重要的功能,就是展现企业形象,因此在门厅的接待台与形象墙方面要进行视觉重点打造。在形象墙上要体现公司标志、标准色、标准字体等视觉元素,再配上独特的灯光照明,给来访者留下深刻的印象。办公空间的门厅设计如图 4-84 所示。

图 4-84　办公空间的门厅设计

3)接待台等家具选择

接待台的大小要根据门厅接待处的面积形状来决定。通常应考虑两个尺寸,一是来访者采取坐姿的台面高度,一般为 700 mm～780 mm;二是来访客采取站姿的台面高度,一般为 1070 mm～1100 mm。挑选家具时还应考虑家具的风格与整体空间的协调搭配。最后还要在门厅部分进行适当的陈设及绿化布置。门厅的家具设计如图 4-85 和图 4-86 所示。

图 4-85　门厅的家具设计 1

图 4-86　门厅的家具设计 2

4. 把握空间尺度及界面设计

办公空间的尺度分为两种类型：一种是整体尺度，即室内空间各要素之间的比例关系；另一种是人体尺度，主要是人体尺度与空间的比例关系。在办公空间设计中，不仅要考虑材料、结构、技术、经济、社会文化等问题，还要考虑人与空间的关系。一个比例和尺度适合的办公空间，会给人带来愉快的感觉。空间尺度不仅体现在办公空间的划分上，还体现在空间的造型关系以及很多细节方面，比如室内构件的大小，空间的色彩、图案，开窗的大小、位置，家具的选择，等等。

在办公空间的界面设计中，主要包括顶面设计和立面设计。办公空间的界面设计一般要以简洁的形式为主。在体现企业形象及会客较多的地方，可以设置造型别致的吊顶以烘托办公空间的主题及氛围，如图4-87和图4-88所示。除了顶面的造型设计外，还需要考虑顶面的照明设计，照明设计可以起到烘托环境氛围的作用，可以采用普通照明、局部照明及重点照明相结合的方式来进行具体设计。

办公空间的立面设计同样要注意简洁大方，形式不宜复杂，与空间的整体风格、造型与色彩相协调。局部需要体现企业形象的地方，比如接待台的形象墙等可以适当采取设计新颖、造型复杂的立面设计，突出企业视觉形象。办公空间的立面设计如图4-89和图4-90所示。

图 4-87　办公空间的顶面设计 1

图 4-88　办公空间的顶面设计 2

图 4-89　办公空间的立面设计 1

图 4-90　办公空间的立面设计 2

第三节
餐 饮 空 间

一、餐饮空间的类型

图 4-91　中餐厅

图 4-92　西餐厅

图 4-93　日式餐厅

餐厅、宴会厅、咖啡厅、酒吧及厨房可以统称为餐饮空间。餐饮空间的类型比较多,按照餐饮空间的营业内容,可以划分为餐馆和饮食店两种类型。餐馆包括饭庄、饭店、酒店、酒楼、风味餐厅、旅游餐馆、快餐店及自助餐厅等,以经营正餐为主,可附带一些小吃、饮料等营业内容。餐馆也可以按照等级划分为一级餐馆、二级餐馆和三级餐馆,是由宴请空间较大的高级餐馆到中级餐馆再到零食餐馆的等级变化。餐馆按照其经营主食的类别又可以分为中餐厅、西餐厅、日式餐厅等多种类型。

除了餐馆之外,餐饮空间还有咖啡厅、茶馆、茶厅、酒馆、酒吧以及风味小吃店等,这些统称为饮食店。饮食店主要是以外卖、小吃、点心、饮料等为营业内容,不经营正餐。相对于餐馆来说,饮食店的空间较小。餐饮空间的类型如图 4-91 至图 4-101所示。

图 4-94　时尚主题餐厅

图 4-95　火锅餐厅

图 4-96　亲子餐厅

图 4-97　面馆

图 4-98　咖啡厅

图 4-99　甜品店

图 4-100　酒吧

图 4-101　茶馆

二、餐饮空间的设计部分

1. 入口区

入口区是餐饮空间的第一个空间,是由室外进入室内的过渡空间。在餐饮空间的入口区,一般会设置车辆停放、迎宾接待、等候、观赏等区域。入口区涉及迎宾接待、引导服务、休闲等候等功能,往往是反映餐饮空间服务标准的重要窗口,能够起到良好的宣传作用。好的入口区设计可以给顾客带来放松、愉快、舒适的心情,因此在入口区需要考虑设计风格、照明、陈设、通风等各方面的细节设计。

2. 收银区

收银区一般紧挨着餐饮空间的入口区,是结账、收银、寄存衣帽的地方。收银区是餐饮空间入口处的一大形象标志,往往会给顾客留下深刻的印象。同时,收银区的良好服务也能够减少顾客的等候时间,加快人员流动,给顾客以良好的体验。收银台应该根据收银区的面积来进行设置,在收银台处放有多种设施,比如电脑、收银机、电话、保险柜、收银专用箱、银行 POS 机等,因此在细化设计时需合理安排。同时,在小型餐饮空间的收银区还会存放一些酒水,为顾客提供烟酒、水果、茶水饮料等,如图 4-102 和图 4-103 所示。收银区还可以兼做临时衣帽寄存处,在较大的餐饮空间里,可以考虑设置兼做衣帽行李寄存的空间,有的顾客购物完之后就去就餐,手里会提很多物品,如果能够给他们安排临时的物品储存处,会给顾客以人性化的关怀。当然,小型餐饮店和快餐厅出于空间面积的考虑,可以不设置寄存区。

3. 候餐区

候餐区根据餐饮空间经营规模和服务档次的不同,在设计时有所区别。候餐区的设计务必根据上座率进行功能布局,放置座椅数量。同时,在候餐区可以放置一些酒水、饮料、茶点、游戏玩具等给顾客以良好的体验。

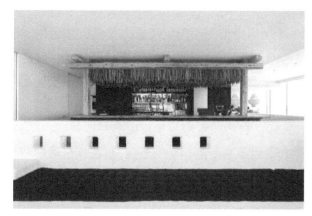

图 4-102　收银区的设计 1　　　　　　　　　　　图 4-103　收银区的设计 2

4. 就餐区

就餐区是餐饮空间的重要场所。根据顾客需求及空间形式,就餐区可以分为散座区域、卡座区域、雅座区域和包间区域几种形式。就餐区在整个餐饮空间中所占面积最大,涉及的人员最多,在设计时务必要考虑它的整体布局、功能划分、交通流线设计、座位及家具的摆放等。在交通流线设计上要避免顾客活动流线和服务员服务流线交叉,以免发生碰撞。在座位的选择上,要符合人体工程学尺寸,以舒适的体验感为目的。同时,在就餐区还要注意环境氛围的营造以体现不同餐饮空间的档次和空间特色。就餐区的设计如图4-104 和图 4-105 所示。

图 4-104　就餐区的设计 1　　　　　　　　　　　图 4-105　就餐区的设计 2

5. 厨房区

厨房区是餐饮空间中生产加工的空间,一般会占到整个餐饮空间 1/3 的面积。厨房区的功能性很强,在进行设计时,务必要将厨房区的各功能区分析清楚。根据生产流程,厨房区可以分为验收区、储藏区、加工区、烹饪区、洗涤区和备餐区等多个功能区域。遵循食品安全及操作流程进行合理布局,按照厨房生产流线要求,将主食、副食两大加工流线分开,按照初加工、热加工、备餐的流线进行设计,使操作流线顺畅,可以避免迂回倒流,这也是厨房区平面布局的主要形式之一。原材料的储藏空间应该接近主副食的初加工区域,这样能够方便材料的存取。厨房区务必要注意干净卫生,需要进行洁污分流设计,对原材料、成品、生食、熟

食等进行分开存放;注意洗手盆设置及废弃物清理运输等问题。厨房区的工作人员需要进行更衣再进入操作间,还会涉及洗手、如厕等问题,因此工作人员的更衣室、厕所等应该在厨房区工作人员入口附近进行设置。工作人员及服务人员的出入口,应该与餐饮空间的顾客出入口分开,交通流线也要分开设计。最后还要考虑厨房的通风、消防、噪声等各方面的因素。对于饮食店,比如一些风味小吃店、快餐店、冷热饮加工店等,厨房区面积相对较小,因此要根据空间大小及经营内容进行因地制宜的设计。

厨房的布局形式可以分为封闭式、半封闭式和开放式三种。封闭式厨房是最常见的一种形式,封闭式厨房将就餐区和厨房区完全分隔,顾客看不到厨房的内部状况,也不会受到厨房的影响,使餐饮空间显得整洁高档。半封闭式厨房往往是露出厨房的某一部分,使顾客看到厨房的内部状况,进行有特色的烹饪和加工技艺的宣传,活跃顾客与厨房的交流。这主要是从经营角度出发,让顾客对厨房的卫生及操作更加放心,也是餐饮空间的经营特色。半封闭式厨房虽然局部开放,但整体上还是呈封闭状态。开放式厨房是将烹饪过程全部呈现在顾客面前,厨房区与就餐区合二为一,气氛亲切,在一些小吃店如大排档、馄饨店、面馆等常常采取这种形式。

6. 后勤区

后勤区是餐饮空间的辅助功能区,往往由办公室、员工内部食堂、员工更衣室、仓库与卫生间等功能区域组成。在具体设计时,设计师可以根据不同餐厅的特点及实际面积进行空间的灵活划分,实现合理的后勤区设计。

7. 通道区

通道区是餐饮空间中连接各个功能区的一个重要空间,起到交通连接和引导的作用。在设计时务必要保证通道区的交通流线流畅,通道不宜过窄,宽度适中,避免迂回曲折的交通流线,避免顾客与员工交通流线的碰撞。良好的通道区设计可以让顾客有一个良好的体验,保持愉快舒畅的心情进餐。

三、餐饮空间的设计要点

1. 前期调研

在餐饮空间设计的前期,需要进行客户调研、现场调研、市场调研。

首先是客户调研,要了解客户的经营角度和经营理念,明确客户对餐厅的设计要求、功能需求、风格定位、个性喜好、预算投资等;了解餐饮空间的员工人数及工作情况;完成调研表的统计工作;与客户进行沟通,表达初步的设计想法。

其次是现场调研。了解室内空间尺寸与各空间之间的关系,了解建筑结构及建筑设备,确定出入口、承重墙、烟道、窗户等的具体位置,检查消防设计、原电压负荷及电缆数量等具体情况。基本情况了解之后,开始进行现场测绘。现场测绘是前期调研工作中十分重要的环节。查看现场尺寸与客户提供的图纸是否吻合,对原有图纸进行细化。在测绘时要使用卷尺、水平仪、量角器、激光测量仪、相机等工具,绘制出室内平面尺寸、各房间净高等细节;特别要记录管道设施设备的安装位置和尺寸,比如,坐便器的坑口位置及排水的管道位置、水表和气表的安装位置、柱网轴线位置的间距、室内空间的净高等,为下一步的方案设计做好前期准备。

　　最后进行市场调研。根据与客户沟通的设计风格查找相关的细节资料,根据当地风土人情、文化传统和意识形态偏好来确定设计主题。同时要进行同行调研,了解同类型餐厅的经营规模、经营状况及菜品品种、价位,室内环境及服务特色等。同行调研有利于餐厅的设计定位,以便开展后期设计。

2. 功能分区设计

1)满足盈利需求

　　餐饮空间的总体布局要考虑盈利需求,设计之初就必须考虑投资预算等,根据预算来决定座位数量,预估就餐人数及每天的营业利润,并以此为依据划分餐饮空间的前厅、吧台、餐厅、厨房、库房和职工区域的面积。越高档的餐厅,顾客的人均活动占有面积越大。在高档餐厅中候餐区、就餐区、通道区的面积相比中低档餐厅的面积要大得多。

2)满足服务需求

　　餐饮空间的类型多种多样,提供的服务也不尽相同。不管是哪种类型的餐饮空间,都应该根据顾客的需求、行为活动规律和人体工程学原理进行合理的空间设计,考虑到不同人群的需求进行不同的空间服务设计。比如,某些餐厅会提供儿童的游戏空间,有的音乐餐厅会设置舞台区域。这些服务设计不仅满足了顾客的需求,同时也形成了餐厅的一大特色。

3)满足员工需求

　　餐饮空间满足员工的需求主要是通过规划良好的操作区域来方便员工工作,提高工作效率。比如合理的后勤区设计,要设计单独的员工通道、物流通道,避免与顾客通道相碰撞。同时,员工通道不易过窄,否则服务员在上菜的时候容易发生碰撞,餐车及人员通过时也容易发生拥挤。

3. 就餐区设计

　　就餐区是餐饮空间的主体,不同类型的餐饮空间其经营方式不同,因此座位的布置形式也不同。常见的座位布置形式主要有包间、雅座、散座等。

　　就餐区的装修设计决定了餐饮空间的整体风格,在色彩方面,就餐区的色彩主要采取暖色调以达到增进顾客食欲的目的。当然,不同风格的餐饮空间,其色彩搭配也不尽相同,比如西式餐厅的色彩搭配,常常以淡黄、粉紫、褐色和白色为主;有些高档的西餐厅,还会进行描金设计,营造出浪漫优雅的气氛。中餐厅的色彩搭配往往采取白色、褐色、红色,营造出稳重、大方、儒雅的氛围,配合整体空间风格,还会选择一定的陈设品进行布置,比如选择雕塑、字画等进行精心设计,营造出一定的文化氛围,烘托空间的主题风格,增加顾客就餐的情趣。

4. 常用的装饰材料

　　餐饮空间的装饰材料,既要体现装饰的档次、效果,也要注意总体的成本造价,减少前期的投入,有利于尽快实现盈利。不管是哪种风格的餐饮空间,都要遵循环保、经济、实用的设计原则。

　　餐饮空间的地面往往会选择水泥、地砖、大理石、红砖、青石、鹅卵石、片石等材料,不仅能够装饰出别样的效果,同时还耐磨、耐用;不宜使用地毯,因为汤水洒到地毯上难以清洁,还容易堆积污垢和灰尘。餐饮空间的墙面材料往往采用乳胶漆,色彩上采用偏暖的米白色、象牙白等,使空间呈现出温暖舒适的效果。除了乳胶漆之外,还可以采用墙纸、木板、硅藻泥等材料进行装饰。局部需要做特色设计,完成主题风格化的设

计时,也可以采用其他材质进行造型塑造,以烘托不同的格调和氛围。餐饮空间的装饰设计如图 4-106 和图 4-107 所示。

图 4-106　餐饮空间的装饰设计 1

图 4-107　餐饮空间的装饰设计 2

　　餐饮空间的顶面材料常常以石膏板、纤维板、夹板为基础材料,在此基础上造型,局部可以使用玻璃、木材、不锈钢等材料进行装饰。如果不做基础造型,可以直接在裸露的钢筋混凝土结构上刷漆,保持建筑的原始结构。

5. 照明设计

　　良好的照明设计可以营造出宜人的室内氛围,也能提高人们的就餐兴致,增加食欲。不同颜色光线下的空间和物体,不但外观颜色会发生变化,所产生的环境气氛和效果也会大不相同,会直接影响顾客的空间体验。

　　1)自然光照明

　　人们在自然光下工作、生活和休闲,心理和生理上都会感到舒适愉快。自然光具有多变性,产生的光影变化更丰富,让室内空间效果更加生动。因此,设计师可以充分利用自然光营造餐饮空间的光照效果,如图 4-108 所示。

　　2)人工光照明

　　人工光相比自然光来说更加稳定可靠,受地点、季节、时间和天气条件的限制较小,比自然光更容易控制,而且能满足各种特殊环境的需要。对于餐饮空间而言,人工光照明不仅是为了照亮空间,更重要的是营造氛围,如柔和清静的茶馆、浪漫温馨的西餐厅或充满活力的中餐厅等不同类型的餐饮空间都需要利用人工光照明设计来营造氛围,突出设计主题。餐饮空间的人工光照明如图 4-109 所示。

图 4-108　餐饮空间的自然光照明

图 4-109　餐饮空间的人工光照明

以中餐厅为例,中餐厅常用的灯具种类有吊灯、吸顶灯、筒灯、格栅灯、壁灯、宫灯、台灯、地灯、发光顶棚和发光灯槽等;常用的照明方式有整体照明、局部照明和特殊照明等。整体照明是使餐饮空间各个角落的照度大致均匀的照明方式,散座就餐常采用这种形式。局部照明也称重点照明,是指在工作需要的地方或需要强调、引人注意的局部才布置光源的形式。特殊照明是指用于指示、应急、警卫、引导人流或注明空间功能分区的照明。

6. 外观设计

与众不同的餐饮空间外观设计会给顾客留下深刻的印象,外观设计包括门头、外墙、大门、外窗和户外照明系统等部分。外观设计首先要和原有的建筑风格保持一致,最好能结合原建筑的结构进行设计。外观装饰要注意大门的选择,大门的样式与门头风格要相融。如果餐厅外墙足够长,可以设计比较大的玻璃窗,靠窗的位子往往最受顾客的喜欢。但是,玻璃窗虽然有很好的采光和装饰作用,安全性能却不好,如果使用钢化玻璃则会增加成本,保温性能也较差,冬冷夏热。

　　餐饮空间的户外广告及招牌设计要注意色彩、形状和外观的不同效果,招牌作为餐饮空间的标志最能吸引人们的注意力,招牌的设计宜突出餐饮空间的特点,字体应该容易识别,突出餐饮空间的特色。

　　餐饮空间周边的景观环境也要仔细设计,尽管很多餐饮空间的周边环境因受到场地限制而无法进行更多的园林景观设计,但在店外设置一些绿化造景或别致的陈设品会吸引路过的人群,让人们觉得这是一家高档、有品位的餐厅。

　　如果要在夜晚吸引顾客就餐,就需要选择合适的光源作为户外照明,主要选择射灯、透光型灯箱、字形灯箱和霓虹灯等照明系统。但是霓虹灯处理不当的话,容易使店面花哨,降低店面档次,因此,使用霓虹灯照明的餐厅并不多见。餐饮空间的外观设计如图 4-110 至图 4-114 所示。

图 4-110　餐饮空间的外观设计 1

图 4-111　餐饮空间的外观设计 2

图 4-112　餐饮空间的外观设计 3

图 4-113　餐饮空间的外观设计 4

图 4-114　餐饮空间的外观设计 5

第四节
商 业 空 间

商业空间是指为商业活动服务的各类空间环境,相应的空间设计具有广义和狭义之分。从狭义上讲,现代商业空间的综合功能和规模不断扩大,出现各类商业用途的空间设计,如商场、超市、娱乐休闲场所、专卖店等空间均属于其设计范畴。人们不再只是满足于商业空间物质功能,对商业空间的环境及其对人的精神影响提出了更高的要求,以满足经济社会发展的需要。

经济发展导致消费模式及购物场所的转变,简单的交易模式无法满足现代商业发展的需求。城市化建设过程中,商业空间的配套设施不断完善,商业交易需要的各种条件(如交通、货运、通讯)和服务性行业(如酒店、餐馆、休闲娱乐等)也随着商业发展的需要而产生。新科技、新材料不断应用于商业空间设计,伴随发展的商业空间设计理念促进人们的消费,在消费环境的影响下人们对商业空间环境的要求也不断提升,产品的更新换代加速,商业空间的美化得到了更多的重视,以满足消费者的需要,促进商业的不断发展。

现代商业空间的设计概念应该以满足商业发展需求为前提,搭建商业活动平台,创新与时代感相结合,营造满足各类商业活动的空间环境。

一、商业空间的构成

商业空间可以说是由人、物及空间三者之间的相对关系构成的。人与空间的关系,在于空间提供了人的活动所需,包括物质获取、精神感受与文化需求。人与物的关系,则体现为人与物的交流机能。空间与物的关系是指空间提供了物的放置机能,"物"的组合构成了空间,而大小不同的空间构成了机能不同的物的空间。人是流动的,空间是固定的,因此,以"人"为中心来审视"物"与"空间",因诉求的不同,产生了商业空间的多元化。

1. 商业空间的功能性分类

(1)展示性:除了一般意义上的商品陈列,商业空间还可以为动态的表演、各种形式广告的发布以及附加信息的传达等提供平台。

(2)服务性:商业空间提供各种有形或无形的服务,包括购物、休闲、咨询、汇兑、寄存、修理、餐饮、美容等。

(3)娱乐性:商业空间可以提供儿童游乐、电子游戏、运动休闲等调剂身心的活动。

(4)文化性:无论是商品陈列还是休闲娱乐活动,都可以作为文化活动,包括各类流行时尚也是一种社会文化。

2. 消费心理

顾客的消费心理是设计师必须了解的内容。人们的消费心理过程大致可分为三个阶段:

（1）认知阶段：认识商品、了解服务是产生消费行为的前提。商品的包装、陈列以及商业空间的装饰等，对消费者的进一步行动起重要作用。在这个阶段，商品本身和空间环境起诱导作用，如舒适、美观的空间装饰，以人为本的服务体系，生动别致的橱窗展示、商品的陈列，品牌及广告宣传等都应使消费者感到身心愉悦，从而产生消费欲望。

（2）情感阶段：在认知的基础上，消费者经过一系列的比较、分析、思考，直到做出判断的心理过程。

（3）意志阶段：经过认知和情感的心理过程，消费者有了明确的购买目的，最终实现购买的心理决定过程。

3. 购物环境

消费者会有各种购物行为，但对环境的要求大致相同。

1）舒适性和美观性

购物环境的舒适性和美观性能增加消费者光顾次数和停留时间，也就增加了接触商品的机会。创造美观舒适的购物环境，主要体现在视觉的愉悦感、身体的舒适感、优雅的声光效果等。

2）安全性

商业空间设计在追求舒适性的基础上还要保证商业空间的安全性，国家对公共建筑的室内环境有明确的规范和要求。首先要考虑设备安装设计的安全性；其次要避免可能对消费者造成伤害的设计；最后，避免让消费者使用时产生心理恐惧和不安全的因素。

3）方便性

就近购物、方便快捷、省时省钱的商业空间是消费者的最佳选择。因此，交通便利和人口密集的区域往往是商场业主的首选。此外，商业空间内部交通流线设计的合理性决定了购物环境的方便性。随着商品经济及科技的发展，现代商业空间在规模、功能和种类等方面都远超过去，而且商品交易的双方（销售商和消费者）都对商业空间的环境提出了进一步的要求。这些要求除了功能方面的设施和条件外，还包括各类心理需求和精神需求。因此，商业空间的设计应当为满足这些要求提供方便。

4）可选择性

"货比三家"不上当是众所周知的道理，说明了消费者在消费过程中，存在着比较、选择的过程，也说明购物环境可选择性的重要性。所以，大型的购物环境中往往具备多家商店、多方面信息，产生商业聚集效应。

5）标识性

在同一个区域，经营同一类商品的商店，只有设计独特的标识和门面，营造富有创意的购物环境，才会给消费者留下深刻的记忆。同时，正因为每个商店的独特性、新颖性和可识别性，才形成了商业街丰富的商业氛围。

4. 商业空间的形态分类

随着时代的发展，商业空间的主要形态先后出现，包括百货店、邮购、连锁店、超级市场、购物中心、商业街、大型综合超市、便利店、专卖店、虚拟商店（网店）等商业空间形态。

1）百货店

百货店是指在一个建筑物内，按照不同商品设置销售区，开展进货、管理、运营等活动，满足消费者多样化选择需求的零售业态。

　　百货店产生的背景：欧洲进入工业化社会，城市人口急增，大众消费能力、生产能力都有明显的提高，在这一背景下现代大规模的百货业应运而生。

　　老佛爷百货公司曾是巴黎最大的百货店，拜占庭风格的巨型镂金彩绘雕花圆顶，至今已有一百多年的历史，在华美绚丽的穹顶下，集合了超过三百个国际知名的奢侈品牌。除了购物，老佛爷百货公司还设有欧陆风情美食天地和名酒窖、家居生活艺术商场和时装表演区等。值得一提的是，在这里购物，无须担心语言不通的问题，因为这里为中国游客提供了中文服务人员接待。老佛爷百货公司内景如图 4-115 所示。

　　巴黎春天百货的建筑本身就是历史文化遗产，让消费者一边购物，一边领略法国历史文化。其外墙装饰更是美艳，让整条奥斯曼大道都为之动容；1881 年修建的装饰着彩色马赛克和玻璃天窗的角楼现在已经是举世闻名的游览地点。登上福楼咖啡厅的七楼，观赏由 3185 块彩画玻璃组成的春天百货屋顶，绝对是一种精神的享受。难怪春天百货建筑群被评为历史古迹，其宏伟华丽的"新艺术风格"穹顶令人惊叹，如图 4-116 和图 4-117 所示。

图 4-115　老佛爷百货公司内景

图 4-116　春天百货建筑群

图 4-117　春天百货内景

　　2）邮购

　　邮购是一种有别于其他商业空间形态的特殊的商业形态，产生于 19 世纪末的美国，因美国幅员辽阔，农村人口分散、购物不便，善于经营的商人以商品目录和价格标识的方式，使消费者有机会参考选购，风行一时，是当时零售业的新形态。

　　3）连锁店

　　连锁店缘起于 20 世纪 20 年代的美国，借助于日趋完备的通信与运输系统，小型商店利用自身的经营经验，在各地设立分店，并建立企业形象，推广业务。连锁店的大批量采购、相对统一的设计风格和服务标准，使消费者对连锁店形成一致的印象，同一商店的服务空间范围得到延伸。企业形象设计便是连锁店经营的重要特征。连锁店的设计如图 4-118 至图 4-120 所示。

图 4-118　有家便利店

图 4-119　仟吉

图 4-120　85℃

4)超级市场

超级市场指采取自选销售方式,以销售生鲜食品、副食品和生活用品为主,满足消费者每日生活需求的零售业态,如图 4-121 和图 4-122 所示。

超级市场亦是美国的产物,起源于 20 世纪 20 年代末的经济大恐慌时期。超级市场以不需要高成本的门面装饰、店内货物由顾客自取而降低经营的成本,低廉的货物受到经济不景气市场下的消费者的欢迎。超级市场风行的因素还包括以下几种:

(1)汽车的普及使一般家庭能够到较远的超级市场一次性采购较多的生活用品,有运输的便利性。

(2)冰箱的普及延长了食品和饮料的保存时间,使得超级市场的大量销售成为可能。

(3)包装技术的进步,真空包装和防腐技术,以及各种工业产品的包装技术使得食品包装更加完善,保质期更长,适合在超级市场批量销售。

最初的超级市场以销售食品为主,多设置在郊区。近年来,已由郊区进入城市中心,货物也由食品扩展到日用品、家用电器等应有尽有,发展成为综合性商场。

5)购物中心

购物中心是指有计划地开发、管理、运营的各类零售业态、服务设施的集合体。由发起者有计划地开设、统一规划布局,店铺独立经营,选址多在中心商业区或城乡结合部的交通要道。内部由百货店或超级市场作为核心店,与各类专卖店、快餐店等组合,设施豪华、店堂典雅、宽敞明亮,实行卖场租赁制,核心店的面积一般不超过购物中心面积的 80％。购物中心的服务功能齐全,集零售、餐饮、娱乐为一体,还会根据销售面积,设置相应规模的停车场。

图 4-121　华润 Ole′精品超市 1

图 4-122　华润 Ole′精品超市 2

20 世纪 60 年代,是世界经济起飞的时期,也是欧美等国大量生产、大量消费的时期,购物中心的出现正是顺应了这一时代的需求。它集百货、超市、餐厅和娱乐于一体,并规划设置了步行区、休息区等公共设施,方便人们购物与休闲。购物中心可分为两大类:

(1)单体型:在单建筑内不同楼层区域中规划不同的商品种类,并设置了休息、娱乐设施。

(2)复合型:由多个建筑组成,各自经营不同的项目,由天桥、地下通道等设施联系各单体建筑;整个区域规划了停车、休息、步道、景观等空间,如图 4-123 和图 4-124 所示。

图 4-123　武汉荟聚购物中心外景

图 4-124　武汉荟聚购物中心内景

6)商业街

商业街是指有拱廊的商业街道,在一个区域内(平面或立体)集合不同类别的商店,构成综合性的商业空间。所有公共设施,如街道、店铺门面和招牌、休息设施等均按统一的标准设计,而且有统一管理的组织,如图 4-125 和图 4-126 所示。

7)大型综合超市

大型综合超市是指采取自选销售方式,以销售大众化实用品为主,满足消费者一次性购足商品的需求的零售业态,选址多在城乡结合部、住宅区、交通要道,营业面积大于 2500 平方米;商品构成齐全,重视企业的品牌开发;设置与营业面积相适应的停车场。

图 4-125　楚河汉街鸟瞰图

图 4-126　楚河汉街街景

　　大型综合超市亦称仓储式超市,采用顾客自助式选购的连锁店方式经营,20 世纪 60 年代末出现在美国;以货物种类多、批量批发销售、低价为主要特点;利用连锁经营的优势,大批采购商品,亦自行开发自己的品牌。大型综合超市如图 4-127 至图 4-130 所示。

图 4-127　麦德龙外景

图 4-128　麦德龙内景

图 4-129　沃尔玛

图 4-130　家乐福红酒区

　　8)便利店

　　便利店是以满足消费者便利性需求为主要目的的零售业态,选址多在居民住宅区、主干线公路边,车站、医院、娱乐场所、企事业所在地;营业面积在 100 平方米左右,营业面积利用率高,居民徒步购物 5～7 分钟可到达,80%的消费者为有目的的购买;商品结构以速食食品、饮料、小百货为主,有即时消费性、小容量、应急性等特点,营业时间长,一般在10小时以上,甚至24小时营业,终年无休;以开架自选为主,结算在收银台统一进行。这是一种20世纪80年代后出现的新型零售业,在巨型化和连锁化经营的超市的缝隙中,以24小时营业的方式方便了居民生活,并为夜间工作者提供服务,这种以食品、饮料为主的小型商店也兼售报刊、日用百货、文具、药品,并经营一些社区服务项目,如代缴水电费等,给消费者带来便利。便利店如图4-131和图4-132所示。

9)专卖店

专卖店是近几十年出现的销售某品牌商品或某一类商品的专业性零售店,以其对某类商品完善的服务和销售,针对特定的消费者群体获得相对稳定的客源。大多数企业的专卖店还具备企业形象和产品品牌形象的传达功能,如图4-133至图4-137所示。

图 4-131　Today 便利店

图 4-132　罗森便利店

图 4-133　杜嘉班纳专卖店

图 4-134　卡地亚专卖店

图 4-135　海瑞温斯顿专卖店

图 4-136　博柏利专卖店

图 4-137　耐克专卖店

10）虚拟商店（网店）

网店这种商业空间形态是科技发展的必然产物，衍生出众多的 O2O 商业模式，是目前为止中间环节最少的一种销售模式。

二、商业空间设计的基本元素

1. 商业空间的基本需求

1)功能需求

商业建筑的功能主要体现在室内空间的使用上,即空间的适用性。不同的建筑性质,具有不同的使用要求,室内设计在满足物质功能和精神功能两方面的侧重点也是不同的。商业空间的基本功能需求包含两方面的内容:

(1)各类人员在其中活动的基本空间要求和人流动线组织。

(2)商店的营业需求,尽可能提升室内空间的有效利用率。

2)精神需求

除了功能需求外,商业空间还有精神需求,比如西餐厅需要一种柔和、静谧的就餐氛围(见图 4-138),给人以美好的精神享受。而快餐厅则相反,多采用鲜艳、明快的色彩以及快节奏的音乐来加速顾客的就餐速度。

2. 界面与色彩

构成空间的物质因素主要是界面。商业空间的界面不仅起到分隔空间的作用,也是空间陈列布置的延续,由于界面的面积大,对室内气氛的烘托起重要作用。界面作为商业空间的主要陈设面,设计应大胆,色彩对比强烈,但休息或过道部分的界面不宜太夺目。如图 4-139 所示,大面积的界面设计可以烘托室内气氛。

图 4-138　西餐厅的就餐氛围　　　　　图 4-139　伦敦哈罗德百货公司百货柜

1)商业空间的色彩设计

(1)色彩的基本语言。

色彩是千变万化的,不同的色彩代表不同的情感特征,给人带来不同的心理感受,也能营造出不同的生活情调。在商业空间设计中,色彩的语言表达也是通过不同的色调调和空间情调。色彩语言经过不同的搭配后,在语言的表达方式和情感的表现方式上更加变幻无穷。

同类色的调和:同一色相的色彩进行变化统一,形成不同明暗层次的色彩,明暗变化的配色给人以亲切

感,如图 4-140 所示。

　　类似色的调和:色相环上相邻色的变化统一,如红和橙、蓝和绿等,给人以融合感,可以构成平静调和而又有一些变化的色彩效果,如图 4-141 所示。

　　对比色的调和:补色及接近补色的对比色配合,明度与纯度相差较大,给人以强烈鲜明的感觉,如红与绿、黄与紫、蓝与橙等的搭配,如图 4-142 所示。

图 4-140　同类色的调和　　　　　　　　　　　　图 4-141　类似色的调和

　　色彩是商业空间设计中最具表现力和感染力的因素,它通过刺激人们的视觉感受产生一系列的生理和心理效应,形成丰富的联想、深刻的寓意和象征。在商业空间设计中,色彩主要满足功能和精神需求,目的在于使人们心理舒适、情感活跃。色彩本身具有一些特性,在商业空间设计中充分发挥和利用这些特性,将会赋予设计以迷人的魅力,使空间大放异彩,如图 4-143 所示。

图 4-142　对比色的调和　　　　　　　　　　　　图 4-143　主题 KTV 色彩设计

　　(2)色彩带来的心理感受及其运用。

　　①色彩的冷暖感。

　　在商业空间设计中,可以运用色彩的冷暖感来设定空间氛围,如酒吧、KTV 的设计可以大量运用暖色调来烘托其热烈的气氛,如图 4-144 所示。

　　餐厅的色彩一般宜采用干净、明快的色系,常用偏黄的暖色系为主调,以刺激人的食欲。但一些特殊定位的餐厅,如海鲜餐厅,也会用蓝色为主色调突出其经营特色;冷饮店的色彩也常用蓝、蓝绿、蓝紫等冷色系为主调,使人在炎热的夏天产生凉爽的感觉,如图 4-145 所示。

图 4-144　KTV 包厢的暖色调设计　　　　　　图 4-145　大连浮动物餐厅的冷色调设计

商业空间的休息室应营造一种平和、舒适的氛围,不宜采用冷暖或明度对比过强的色彩,明度适中的色调能使人心情放松、精神舒缓,更适合于休息室的色彩运用。

②色彩的距离感。

不同的色彩可以给人进退、远近、凹凸的感觉,根据人们对色彩的感受,可以把色彩分为前进色和后退色。一般情况下,暖色系和明度低的色彩给人后退凹进的感觉,利用色彩的距离感可改变室内空间不理想的比例尺度。对层高较低的商业空间,顶棚造型除了不宜太烦琐外,在色彩的处理上可以用白色或比墙面浅的高明度色彩来提升顶棚的视觉高度;层高较高的商业空间,可以用暖色和比墙面颜色更深的色彩来装饰顶棚,减弱空旷感,降低顶棚的视觉高度,如图 4-146 和图 4-147 所示。

图 4-146　层高较低的商业空间顶棚设计　　　　　图 4-147　层高较高的商业空间顶棚设计

在商业空间设计中,可以利用色彩的距离感强调和突出重点,比如,可以用鲜艳的颜色和其他前进色作为主体背景和展示物的色彩,如图 4-148 所示。

③色彩的分量感。

色彩明度的高低直接影响色彩的分量感,色彩纯度的高低也会影响色彩的分量感。物体的质感给色彩的分量感带来的影响也是不容忽视的,同样的色彩,物体有光泽、质感细密坚硬,给人的感觉重;物体表面结构松软,给人的感觉就轻。

在商业空间设计中,应注意色彩轻重的搭配,把握"上轻下重"的设计原则,给人以视觉上的平衡感。

图 4-148　色彩的距离感

④色彩的尺度感。

暖色和明度高的色彩有扩散和膨胀的作用,使人感觉物体较大;而冷色与明度低的色彩有收缩和内聚作用,会使人感觉物体相对较小。恰当地运用色彩的这种尺度感可以改善室内空间的设计效果。

室内空间相对较小时,墙面装修适宜用明度较高的浅色材料,使空间显得开阔 。商业空间中柱子过粗时,宜用深色来减弱体量感;柱子太细时,宜用浅色来增加体量感。

同样的空间,室内色彩协调统一,会使空间显得开阔;室内色彩对比强烈,会使空间显得拥挤。

⑤色彩的华丽感和朴素感。

从色相上看,暖色给人以华丽感,冷色给人以朴素感。从明度上看,明度高的色彩给人的感觉华丽,而明度低的色彩给人的感觉朴素。从纯度上看,纯度高的色彩给人的感觉华丽,纯度低的色彩给人的感觉朴素。同一色彩,不同的质感给人的感觉也是不同的,一般来说,质地细密而有光泽的材质会给人华丽的感觉;反之,质地疏松无光泽的材质给人朴素的感觉。色彩的华丽感与朴素感是相对而言的,在设计中要灵活运用,如图 4-149 和图 4-150 所示。

图 4-149　色彩的华丽感

图 4-150　色彩的朴素感

⑥色彩的积极感。

从色相上看,红、橙、黄等暖色比蓝、绿、紫等冷色给人的感觉更兴奋和积极;从纯度上看,高纯度的色彩比低纯度的色彩感觉更积极,且刺激性强;从明度上看,同纯度不同明度的色彩,一般是明度高的色彩刺激性比明度低的色彩大。

舞厅、KTV 等娱乐场所,婚宴、节日庆典等宴会厅的色彩应多用积极的色彩进行装饰,如图 4-151 所示。

2)商业空间色彩设计的基本原则

(1)充分考虑不同商业空间的功能和性质要求。

(2)利用色彩改善空间效果。

(3)色彩的配置(运用)应符合人的审美需求。

图 4-151　色彩的积极感

（4）应注意不同民族、地域对色彩的审美差异。

不同的色彩产生不同的联想和象征，甚至还会有爱憎的效果。商业空间设计的步骤应该是形式—材料—色彩，各部分的色彩变化服从于基本色调，需要强调的商品陈列处运用一些对比色彩，以取得醒目活跃的效果。如果运用两到三种调和的颜色，色彩有轻微的变化，整个环境就会比较柔和、舒适，稍加点缀色以烘托中心。

3. 照明设计

商业空间照明设计的重要性是不言而喻的，正是灯光打造了商业空间璀璨的建筑立面表现，使得商业空间成为吸引市民消费购物的首选之地。

商业空间中照明设计具有指引、识别、突出、聚焦的实用功能，更是兴奋、冷暖、热情、朦胧等情感的表达因素。光弥漫在环境中，形成多种多样的变化，并形成一定的质感，由此展现出商业空间的多样性和丰富性。

商业空间大体上划分为公共活动空间，包含入口、电梯间、步梯流线、休闲中庭、走廊、休息处、咨询处、结算处、卫生间等；半开放的公共空间，包含品牌店、咖啡室、零售区域、餐饮业、娱乐区域；还有商业附属配套设施空间，包含办公室、配电室、财务中心、物流通道、员工通道、设备间、仓库等。不同的功能空间需要不同的照明设计，如公共交通流线需要具有一定指引性、均匀度良好的泛光照明灯具，还要配备相应的悬挂、立柱式导识系统照明。

商业空间的照明分为一般功能照明、展示重点照明、装饰性照明、广告类照明、应急照明、灯光装置等几大类。在照明设计手法上更是多种形式结合，反射照明、隐蔽照明、轮廓照明、发光板照明、重点照明等不一而足，如图 4-152 至图 4-156 所示。不管是艺术化处理光的表达还是功能化讲述光的存在，都不能忽略和室内设计的充分结合。灯光的照明载体是室内的墙体形态、装置货架、地面材料、顶棚结构，但更重要的是室内活动中的人。所以，在商业空间照明设计中，不同功能场合的照度、亮度以及显色性都有不同的要求，仅仅符合国家照明规范中简单的照度标准值要求是远远不够的，艺术美的表现才是衡量商业空间照明设计最终成败的标准。

图 4-152　商场内部重点照明

图 4-153　商场建筑轮廓照明

图 4-154　座椅下反射照明

图 4-155　天花灯槽反射照明

图 4-156　展柜重点照明

商业空间照明的具体功能可概括为以下几点：

(1)吸引、引诱消费者进入；

(2)吸引消费者的注意力；

(3)创造合适的环境氛围，完善和强化商店的品牌形象；

(4)创造购物的氛围和情绪，刺激消费行为的产生；

(5)使商品更加生动鲜明。

商业空间的照明能够帮助商店强化消费者的购买行为，促成"驻足""吸引""引诱"的"三部曲"，这三部曲是最终完成购买的前奏。现代社会，人们已经由计划购物向随机的冲动购物转移，由必要消费向奢侈消费（超出必要程度的消费）转变。这种转变是因经济富足和未来学家奈斯比特所说的作为高技术的代偿，而产生的"只要我喜欢就买回家去"的"高情感"。在这样的购买心理下，用照明"吸引"和"引诱"消费者，创造良好的购物氛围，就变得非常重要了。

商业空间照明首先要满足功能上的照明需求，主要借助于功能照明灯具的设置，如吸顶灯、日光灯、白炽灯等。以装饰性为主的灯具为装饰性灯具，如各式吊灯、壁灯等。不太引人注目的功能灯具设置在大厅中，主要作用是保证大厅内的照度，重点的地方或小空间可用装饰性灯具。设计师应根据特定环境，材料的纹理、形式、质感以及家具所形成的统一格调进行照明设计，使整个环境和谐统一，营造别样的气氛，如图 4-157 所示。

现代商业空间的照明方式主要包括以下几种：

(1)普通照明，这种照明方式是指灯具提供基本的空间照明，用来照亮整个空间，它要求照明灯具的匀布性和照明灯光的均匀性。

(2)商品照明，是对货架或货柜上的商品的照明，保证商品在色、形、质三个方面都有很好的表现。

(3)重点照明，也叫物体照明，它是针对商店的某个重要物品或重要空间的照明。比如，橱窗的照明属于商店的重点照明。通常是有方向的、光束比较窄的高亮度的针对性照明，采用点式光源并配合投光灯具。

(4)局部照明，这种方式通常是装饰性照明，用来制造特殊的氛围。

(5)作业照明，主要是指对柜台或收银台的照明。

(6)建筑照明，用来勾勒商店所在建筑的轮廓并提供基本的导向，营造热闹的气氛。

图 4-157　商业空间的照明设计

4. 音响设计

在现代商业空间设计中，满足人们在听觉方面的需要与满足视觉方面的需要是同等重要的，音响设计

的内容主要是造就商业空间的良好音质以及噪声的控制。

(1)强调语言清晰度的室内空间,如会堂、报告厅、多功能厅等,混响时间一般应控制在 1.1 秒以内。

(2)强调声音丰满度的室内空间,如歌剧院、音乐厅、交响乐厅等,混响时间一般不应低于 1.5 秒。

(3)语言清晰度和声音丰满度二者兼顾时,可取适中并偏语言清晰度要求的混响时间,必要时可辅之以电声。

对于室内产生的噪声,可利用吸声材料降低噪声。现在有一些既有吸声性能,又有装饰性能的材料,为设计师设计既满足声学要求又有一定装饰效果的室内环境提供了很大的方便。中国国家大剧院如图 4-158 和图 4-159 所示。

图 4-158　中国国家大剧院 1

图 4-159　中国国家大剧院 2

Shinei Sheji Yuanli yu Shijian

第五章
室内设计系统

第一节
室内色彩设计

在室内设计中,地面、墙面、家具、陈设等一切构成因素都有色彩形象。色彩是一个能够迅速并且强烈影响人的视觉感官的设计要素,它不仅是创造视觉效果的主要媒介,还具有实际的功能。色彩运用是否得当直接影响室内设计整体的基调和效果。换句话说,色彩一方面具有美学效果,可以表达室内设计的情感,另一方面还具有增强设计效果的作用。

一、室内色彩设计的原则

室内色彩设计要综合考虑室内空间的功能、美观、形式、建筑装饰材料等构成因素,此外地理、气候、民族特色等因素也需要注意。

1. 室内色彩设计的功能要求

由于色彩具有明显的视觉效果,能影响人们的生活、生产、工作和学习,因此在室内色彩设计时,考虑其功能要求,并使用相应的色彩进行搭配和运用是非常必要的。

教学楼、办公室、图书馆等以工作、学习为主要功能的场所,色彩设计以明亮、沉着、平和为主,其代表色为淡绿色、淡蓝色、暖灰色、乳白色等。

医院、疗养院等场所的色彩设计应从有利于病人休养和身心健康的前提出发,使病人产生信任感,以暖色调为主,给人积极向上、生机勃勃的感觉;应避免冷色调,以免使人产生忧郁的心理状态。

餐厅、酒吧等场所根据不同地区的差异要求,可以进行不同的色彩设计。一般情况下,餐厅、酒吧的色彩应给人以干净、明快的感觉。大型餐厅、宴会厅应与照明设计搭配,营造出金碧辉煌、热烈的气氛。暖色调如橙色等,可以刺激食欲,增强人的兴致,因而也常用于餐厅、酒吧的色彩搭配中。

商店、商场等销售场所,因店铺和所要销售的商品各式各样、琳琅满目。在这种情况下,色彩设计应突出商品,聚焦顾客的注意力,通常使用较素雅的背景色以免喧宾夺主。

车站、展览馆的色彩设计应具有一定的导向性,用醒目的导向色彩表示进出的路线;候车室的色彩应该给人以明朗、安静、沉着的感觉,以免候车人心理躁动。

住宅空间中,起居室是家人聚会和招待客人的地方,色彩的设计要体现出亲切、和睦、舒适、大方、优雅的氛围。卧室等以休息功能为主的地方,以平静、淡雅、舒适的感觉为宜。除了休息、接待和会客等功能外,住宅空间中还有用于娱乐的场所,色彩设计以活泼、欢快为主。

室内色彩设计在考虑功能要求时需要具体问题具体分析:

(1)要认真分析空间的风格和用途;

(2)要认真分析人在空间中的感知和感觉;

(3)要注意适应生产和生活方式的变化。

2.室内色彩设计的构图原则

要充分发挥室内色彩设计的美观作用,色彩的配置必须符合"美"的原则,正确处理协调与对比、统一与变化、主景与背景、基调与辅调等各种关系。色彩种类少,容易处理,但比较单调;色彩种类繁多,富于变化,但如果使用不得当就会显得杂乱无章,因此需要解决好构图问题。

室内色彩包括背景色、主体色、强调色三个部分。背景色是面积最大的色彩,这部分颜色应以彩度较弱、较灰为主,对房间里其他物件起衬托作用。主体色一般指室内家具、陈设等的颜色,是整个室内空间的色彩主体,一般采用较强烈的色彩。强调色作为室内重点装饰和点缀的小面积色彩,面积不大、也不集中,但是较为显眼、作用突出,应用得当能起到活跃空间气氛的作用。

1)确定色彩的基调和辅调

室内色彩设计中,色调是决定整体色彩氛围的关键,室内空间的色调分为基调和辅调。

基调在空间氛围的创造中发挥着主导作用,并且由面积最大、人们关注最多的色块决定。一般来说,墙面、天花、地面、窗帘、桌布等的色彩都是构成室内色彩基调的关键。辅调则是与基调相呼应、相辅相成,起点缀作用的局部色彩。

从明度上来讲,有明调子、灰调子和暗调子,以亮色为基调,暗色为辅调;从冷暖上来讲,有冷调子、温调子和暖调子,冷暖调可相互为基调和辅调;从色相上来讲,有黄调子、蓝调子、绿调子等,根据具体情况确定基调和辅调。

2)处理色彩的统一与变化

确定色调是色彩设计的关键,但是只有色调统一却没有变化,经不起推敲,仍然达不到美观、耐看的效果。反之,色彩缤纷复杂,只有变化却没有统一又会显得杂乱无章。因而,处理好色彩的统一与变化是至关重要的。一般来说,为取得既统一又有变化的效果,基调不宜用过于鲜亮、艳丽,纯度过高的色彩,而辅调则可适当地提高明度、纯度,达到点缀的效果,从而形成主次分明、层次清楚的色彩关系。

3)注意色彩的稳定感和平衡感

根据人的视觉习惯,色彩的稳定感和平衡感要求应以"上轻下重,上浅下深"为设计原则。因而,一般天花的颜色最浅,墙面的颜色居中,地面的颜色最深。并且,室内色彩的明度和纯度都不宜过高,以免破坏整体的平衡感。

4)注意色彩的韵律感和节奏感

色彩设计是有起伏变化的,并且具有一定的规律性,形成一定的韵律感与节奏感。一般来说,有规律地布置门窗、墙面、窗帘、餐桌、沙发、灯具、书画等的色彩关系,能够产生韵律感和节奏感。

5)密切结合建筑、装饰材料的色彩

研究色彩效果与材料的关系主要是解决好两个问题:一是色彩用于不同质感的材料,会产生什么不同的效果;二是充分运用材料的本色,使室内色彩更加自然、清新和丰富。实际案例已表明:同一色彩用于不同质感的材料,效果相差很大,能够使人们在统一中感受到变化,在总体协调的前提下感受到细微的差别。充分运用材料的本色,也可以减少人工雕琢感,使色彩关系更趋于自然。例如,我国南方民居和园林建筑中,常用竹子来做色彩装饰,格调清新、素雅,给人以贴近自然之感,其经验被借鉴于许多室内外设计中,被

广大设计师沿用至今。

3. 室内色彩设计的注意事项

1）注意与空间形式的协调

空间形式与色彩的关系是相辅相成的。一方面,由于空间形式是先于色彩设计而确定的,它是色彩搭配的基础;另一方面,色彩具有一定的物理效果,可以在一定程度上改变空间形式的尺度和比例。例如,空间过于开阔时,可用近感色减弱空旷感,增加亲切感;空间过于局促时,使用远感色,使界面后退,减弱局促感。同时,还可以利用色彩的横竖划分来改善空间形式,减少空间的单调感。

2）注意民族、地区特点和气候因素

色彩设计的相关规律是以大多数人的审美要求、视觉感官舒适度,经过长时间的实践验证总结出来的。对于不同的人种、民族而言,由于其生活的地理环境、历史文化等的不同,审美要求也不尽相同,因而色彩设计的规律和习惯也存在差异性。如地处高原的藏族,由于白雪皑皑的环境和宗教信仰的影响,多用浓重的色彩和对比色装点服饰和建筑。而同样身处寒冷地区的北欧人,则喜欢木材的原色,他们认为木头的颜色能使人感觉到温暖。气候条件对色彩设计有着很大的影响,一般来说,南方偏好使用较淡或偏冷的色调,而北方则多用偏暖的颜色。由此可推论,在同一室内空间中,不同朝向的房间其色彩设计也可以有相应的变化,朝阳的房间可以选用偏冷的色彩来进行设计,反之亦然。

二、室内色彩设计的运用

室内色彩设计涉及很多方面的问题,主要体现在室内空间各个界面与陈设等的色彩配置上。

1. 天花

天花可用无彩色或明度较高的色彩,给人以明快、敞亮的感觉。如果天花与墙面为同一色系,其明度应高于墙面色彩。

2. 墙面

一般情况下,室内的几个墙面应使用相同的颜色,并采取中间色,根据房间的用途、朝向等确定其色相、冷暖等。个别情况下,有窗户的墙面颜色可适当提高明度,以缓和它和窗口的亮度比。

3. 地面

地面可使用低明度的色彩,既可以保持上轻下重的稳定感,也易于保持地面的清洁。一般来说,地面使用与墙面同一色系的颜色,彩度不宜过高。

4. 门窗

卧室、办公室、教室等一般房间的门,要使用有别于墙面的颜色来凸显出来。而现今有很多"无门"的设计,其颜色与墙面相同,在关闭的时候与墙面融为一体,不易被人发觉,形成是墙而非门的隐藏性设计。门的颜色原则上应根据墙面的颜色来确定,彩度不宜过高,以免给人过强的视觉刺激。

窗户是具有明显装饰性的构件,其颜色应有别于墙面颜色,并适当提高明度和彩度。由于窗户是用来采光照明的,为减少窗棂、窗框与玻璃之间的亮度对比,窗棂和窗框应使用较浅的颜色来设置。

5. 家具

家具的色彩作为室内主体色彩,应考虑到其使用功能及室内色彩基调。例如书桌作为读书写字的主要用具,为了保护视力,其明度和彩度都不宜过高,且最好不要反光。而椅子与桌子不同,它很少进入人的视线中心,且覆盖面较小,可以适当提高彩度使其成为点缀,增强装饰性。

室内色彩设计应注重从整体到局部,从大面积到小面积,从美观性要求较高的部位到美观性要求不高的部位逐步进行。从色彩关系上看,应该先确定明度,再依次确认色相(冷、暖)、彩度和对比度。

在室内色彩设计时,应先做设计构思图(如透视图)来规划室内的色彩基调;再做平、立、剖面图深入探讨各个界面、空间与主要家具、陈设等的关系;对比材料样本和色彩手册,调整并编制相关的色彩搭配说明和图表;最后与施工现场相配合,把控整体进程,随时根据实际情况进行细微的调整和修改。

▼

第二节
室内照明设计

▲

在室内设计中,光环境的创造不仅是满足人们的视觉和生活需求,也是增加室内环境美感和舒适度的重要手段之一。光线是具有物理、生理、心理、美学等综合作用的重要媒介,它能直接影响室内环境的使用功能、空间气氛和艺术效果。因此,设计师充分合理地利用自然光源和人工光源,创造出经济合理、安全实用、美观的照明环境,是室内设计的重要内容之一。

一、室内照明设计的基本概念及作用

1. 光源类型

通常我们将室内光源分为自然光和人工光两种类型。

1)自然采光

将自然光引入室内起照明作用,称为自然采光(见图 5-1)。这种方式可以节约能源,并且更加贴近自然。根据开窗采光的位置,又有侧窗采光和天窗采光两种形式。侧窗采光指在内墙面上开采光口,有单侧、双侧及多侧之分,根据开窗的高度不同,又分为高、中、低侧采光。但是,侧窗采光只能保证有限进深的采光要求,更深处的空间还需人工照明来补充。天窗采光是在室内空间的顶部开设采光口的形式,其采光率是同样面积侧窗的 5 倍以上,且照度均匀、光色自然、光线稳定。

2)人工采光

人工采光即灯光照明,它是人们夜间室内活动的主要光源,同时也是白天室内光线不足时的重要补充,如图 5-2 所示。

图 5-1　自然采光

图 5-2　人工采光

2. 照度

照度是指单位面积上所接收的可见光的光通量,它表示单位面积上被照射的程度,单位为勒克斯(lx)。无论是在自然采光还是人工采光设计中,都需要考虑到照度。照度不足将导致人眼视力下降,产生生理、心理上的不适,导致记忆力、思考能力下降,影响工作效率。照度过度则容易造成视觉疲劳。不同类型的空间对照度的要求也有所不同,要根据空间的功能性要求和特点来确定照度。不同空间类型的照度标准见表5-1。

表 5-1　不同空间类型的照度标准表

空 间 类 型	照度标准值(lx)(低—中—高)
1.住宅建筑	
楼梯间	5—10—15
卫生间	10—15—20
餐厅	20—30—50
起居室、卧室、厨房	30—50—75
床头阅读区	75—100—150
书写、阅读区	150—200—300
工作需求精细的空间	200—300—500
2.商业建筑	
库房	30—50—75
室内菜市场、营业厅	50—75—100
一般商店	75—100—150
一般商店柜台、货架	100—150—200
自选商场营业厅、收款处、试衣间	150—200—300
陈列柜、橱窗	200—300—500
3.旅馆建筑	
西餐厅、酒吧、舞厅	20—30—50
游泳池、健身房	30—50—75
服务台、卫生间、餐厅、游戏厅	50—75—100
休息厅	75—100—150
厨房、洗衣房、小卖部、客房写字台	100—150—200

续表

空 间 类 型	照度标准值(1x)(低—中—高)
宴会大厅、总服务台、客房梳妆台	150—200—300
美容室	200—300—500
4.影剧院建筑	
电影放映厅(放映时)	20—30—50
影剧院观众厅、演员休息室	50—75—100
接待室、观众休息室、化妆室	75—100—150
门厅、售票处、声光电控制室、排演室	100—150—200
化妆室化妆台、美工室	200—300—500
5.办公楼建筑	
值班室	50—75—100
档案室、文印室	75—100—150
办公室、报告厅、会议室、营业厅	100—150—200
有视觉显示屏的空间	150—200—300
设计室、绘图室、打字室	200—300—500

3. 眩光

发光源或被照射物体的光直射人的眼睛,使人感到刺眼,这种现象被称为眩光。人眼直视不带灯罩的灯泡或者太阳就会产生眩光,为了避免这种现象的产生,室内照明设计会采用磨砂玻璃或乳白色灯具等,使光线变柔和;或者加上灯罩、结构部件来改变光线的照射方式,使光线不会直射到人的眼睛里,也能弱化甚至消除眩光。

4. 室内照明的作用

随着科学技术的不断发展,室内照明已经不仅仅局限于提供照明这一单一的作用了,它还可以起到以下几个方面的作用:

(1)组织空间:通过改变照明方式、不同类型灯具的配置,可以分布形成多个虚拟、独立的空间。

(2)改善空间:在室内照明设计中,灯具的类型、照明的方式、光线的强弱和光的颜色(冷、暖)等都会影响室内空间的视觉感受。

(3)渲染气氛:灯光的颜色丰富多彩,灯具的类型和样式多种多样,合理的搭配和组合可以渲染出不同的室内环境氛围。

(4)特色体现:不同的民族、地区有着不同的历史文化背景,有着各自独特的代表色和灯具造型等,所以室内照明设计也可以体现出室内环境的特色。

二、室内照明设计的类型与方式

1. 类型

按照灯具的照射方式,室内照明设计大致可以分为四种类型,如图 5-3 所示。

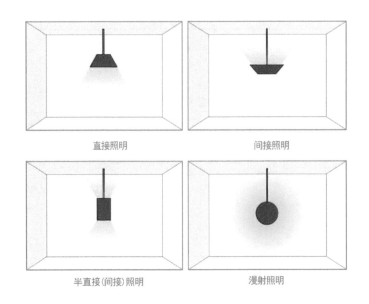

图 5-3　室内照明设计的类型

（1）直接照明：有或无灯罩的灯泡所发射的光线直接照射到受光面，约有 90%～100% 的光量。这种照明特点是光量大，常用于一般的室内照明或大空间照明。

（2）半直接（间接）照明：指 60%～90% 的光量投射到被照物体上，有 10%～40% 的光量投射到其他物体上的照明方式。由于部分光线透过灯罩向上进行漫反射，其光线比较柔和，因而多用于起居室等场所的照明设计。这种方式能产生比较特殊的光照效果，使低矮、狭小的空间有增高、增宽的感觉，如门厅、过道等。

（3）漫射照明：指 40%～60% 的光量直接投射到被照物体上的照明方式。这种方式能成功地控制光线的眩光现象，将光线向四周扩散漫射，但是光量较差，一般室内的吊灯、壁灯、吸顶灯等多属于这种照明方式。

（4）间接照明：与直接照明相反，指 90%～100% 的光线直接照射在墙面和天花上，再向下反射，这种光线柔和、均匀且不刺眼。

2. 方式

1）整体照明

整体照明是指灯具有秩序、均匀地布置在天花上，整个空间都能够被光均匀地照射到，这种照明方式属于空间的基本照明方式，并适用于大多数的公共场所中，如图 5-4 所示。由于空间性质不同，照度要求也不同，如阅览室照度要求高，而走廊、过厅就相对较低。

2）局部照明

局部照明只能照射有限的面积，为合理使用能源，局部照明需要根据不同空间的功能需求，使用不同的局部照明形式，才能更好地调整和设计人的活动与室内环境的关系，如图 5-5 所示。

3）混合照明

混合照明是整体照明和局部照明相结合的照明方式，也是现代室内照明设计中使用最普遍的一种照明方式，如图 5-6 所示。在整体照明的基础上搭配局部照明，有利于节约资源，也有利于营造不同的空间氛围，如商场、展览馆、医院等空间的照明设计。

而若将室内照明设计按布局方式来分，可以分为三类：

（1）一般照明：又称功能照明，指为室内提供均匀照度而忽略局部的，能满足人们基本视觉要求的照明方式。

（2）重点照明：对重点区域或者需要引起人关注的目标位置设置的集中式照明，可以凸显主题并吸引人的目光，一般在商场、展台、展厅经常使用。

（3）装饰照明：为了达到美化与装饰效果，运用不同的灯具、光线色彩等进行照明设计，创造特殊的空间氛围的照明方式，如图 5-7 所示。

图 5-4　整体照明

图 5-5　局部照明

图 5-6　混合照明

图 5-7　装饰照明

三、室内照明设计的基本原则和处理手法

1. 基本原则

1）功能性原则

照明设计应满足室内光环境的基本视物要求，根据不同功能空间及人的活动特征，选择合适的光源、灯

具及布置方式,达到空间的照度要求,提高空间的光环境质量。

2)安全性原则

照明设计应在满足功能性要求的同时保证安全性,要严格按照规范要求设计。充分考虑环境对空间中电器的影响,避免发生如漏电、触电、短路、火灾等事故。同时,对先进的技术和设备要在充分论证的基础上积极采用。

3)经济性原则

室内照明设计需要注意光源和照明系统应符合空间节能的相关规定和要求,充分考虑节能环保的可持续发展需求。

2. 处理手法

1)点光源

点光源指在照明处理中使光源在一定面积中以点的形式出现,如吸顶灯、聚光灯、台灯、壁灯、落地灯等。点光源照度较强,多用于直接照明或重点照明。

2)线光源

线光源指将光源处理成长条形的光带,多用于公共场所,又常用于导向性的照明设计。

3)面光源

面光源指将室内空间六个界面中的一个面或两个面做成发光面。例如,整体发光的天花或者舞台上发光的地面等。

四、室内照明的灯具种类及布置

1. 灯具的种类

照明灯具的类型通常以灯具的光通量在空间上下两部分分配的比例,以及照明灯具的结构点、用途和固定方式来划分的。现代室内设计中,灯具的作用已不再局限于满足照明需求了,它同时也具备装饰、美观的作用。因而,现在的室内照明设计对灯具的选择也显得十分重要。

1)吊灯

顾名思义,吊灯是悬挂在室内天花上的照明灯具,用作大面积范围的照明。吊灯的安装需要有足够的空间高度,吊灯悬挂距地面最低 2.1 m,长杆吊灯更适用于举架较高的公共场所。吊灯的造型、大小、质地、色彩对室内设计整体氛围的影响非常大,选择时需要注意它们的协调性,也因此吊灯往往是空间的主要照明灯,即主灯。吊灯分为单头吊灯和多头吊灯两种,单头吊灯多用于厨房、餐厅的照明设计,如图 5-8 所示,而多头吊灯更适用于客厅的照明设计,如图 5-9 所示。

2)吸顶灯

吸顶灯指把灯直接固定在天花上的固定式灯具,其形式很多,可归纳为以白炽灯和荧光灯为光源的两种吸顶灯。以白炽灯为光源的吸顶灯,灯罩常用玻璃、塑料、金属等不同材质制作成不同的形状,一般有圆球吸顶灯、半圆球吸顶灯、半扁球形吸顶灯、方罩吸顶灯等,中式吸顶灯如图 5-10 所示。以荧光灯为光源的吸顶灯,灯罩大多采用有晶体花纹的有机玻璃,外形多为长方形。吸顶灯具体有向下投射灯、散射灯与一般照明灯具几种,且多用于办公室、会议室、走廊、卫生间与阳台等空间的照明设计,如图 5-11 所示。

图 5-8　单头吊灯　　　　　　　　图 5-9　多头吊灯　　　　　　　　图 5-10　中式吸顶灯

3)嵌入式灯

嵌入式灯泛指嵌入天花内部的隐藏式灯具,又称筒灯,如图 5-12 所示,灯口往往与天花平齐相连,用于主要照明,方向性好,灯具简洁便于安装,常用于公共场所的照明设计。随着现代技术的发展,嵌入式灯已不仅限于筒灯,逐渐发展出了嵌入式线形灯的样式,如图 5-13 所示。嵌入式灯分聚光型与散光型两种,一般都是向下投射的直接光源。聚光型一般用于要求局部照明的场所,如金银饰品店、商品货架等。散光型用于局部照明外的辅助照明,例如宾馆走廊、咖啡馆走廊等。

图 5-11　简约吸顶灯　　　　　　　图 5-12　嵌入式筒灯　　　　　　　图 5-13　嵌入式线形灯

4)壁灯

壁灯指装设在墙壁上的灯具,是一种最常见的普及性装饰照明方式。壁灯可以分为直接照明、间接照明与均匀照明等多种形式。壁灯的光线比较柔和,灯泡功率多为 15 W～40 W,且造型丰富、精巧、别致,故常用于大门、门厅、卧室、浴室、走廊及公共建筑的墙壁上,如图 5-14 所示。壁灯的安装位置不宜过高,应略高于视平线,高为 1.6 m～1.8 m,同一平面上的壁灯应在同一高度。在大多数情况下,壁灯与其他灯具搭配使用。

5)移动式灯具

移动式灯具指可以根据室内空间环境的需求自由放置的灯具,主要包括放置在书房、床头柜、茶几等位置的台灯和放置在地上的立灯(落地灯)两种。移动式灯具用于局部照明,同时也是美化室内环境的装饰品。其中,台灯按功能可以分为装饰台灯、护眼台灯、工作台灯等,并有陶制、木质、铁艺、塑料等材质。若按光源分类,台灯又有灯泡台灯、插拔灯管台灯、灯珠台灯等。立灯又称为落地灯,常摆设在沙发及茶几附近,如图 5-15 所示。它不仅起会客、阅读照明的作用,对角落空间气氛的营造也十分重要。

图 5-14　壁灯　　　　　　　　　　　　　　　　　　图 5-15　落地灯

6）轨道灯

轨道灯指轨道与灯具组合而成的,可以实现在同一根轨道上以吸顶式、嵌入式、悬挂式的安装方式安装许多灯具,如图 5-16 所示。灯具可以沿着其轨道进行移动,同时也可以改变光源投射的角度,多用于局部照明,如图 5-17 所示。其特点是可以通过集中投光,增强某些需要特别强调的物体的照明,多用于商店、展览馆、舞台和歌舞厅的照明设计。轨道灯的轨道可固定或悬挂在天花上,必要时可以布置成"十"字形与"口"字形,这样能进一步扩大灯具的移动范围。

图 5-16　轨道射灯　　　　　　　　　　　　　　　图 5-17　轨道多灯具组合

7）射灯

射灯的种类丰富,主要有吊杆式、嵌入式、吸顶式、轨道式与铁夹式。其运用范围广,灯的照射角度可以任意调节,多用于室内空间中需要特别注意的局部物体的照明。其中,天花射灯占地面积小,款式多样,广泛运用于重点照明及局部照明,合理地调配射灯的照度和光影效果,能够适用于各类空间的照明设计。吸顶式射灯的安装更为灵活,灯杆的长度可以根据需要选择,灯头可以多角度旋转,因而可以满足不同空间部位的重点照明。

8）日光灯

日光灯又称荧光灯,属于低气压弧光放电光源,是利用低气压的汞蒸气在通电后释放紫外线,从而使荧光粉发出可见光。日光灯最大的特点是光效高、节能、散射、无影、寿命长,虽其装饰效果较差,但也是使用较广泛的一种照明灯具,如图 5-18 所示。

图 5-18   日光灯

9)格栅灯

格栅灯根据安装方式的不同可以分为嵌入式格栅灯和吸顶式格栅灯,其中格栅是其主要特征,它能有效抑制眩光给人带来的不适,使空间更为明亮。常见的有镜面铝格栅灯、有机板格栅灯,它们具有防腐性能好、不易褪色、透光性好、光线均匀、节能环保、防火性能好的特点,如图 5-19 所示。

图 5-19   格栅灯

10)光纤灯

光纤灯是以特殊高分子化合物作为芯材,以高强度透明阻燃工程塑料为外皮,可以保证在相当长的时间内不会发生断裂、变形等质量问题,寿命至少 10 年。由于采用了高纯度芯材,从而有效地降低了光线传输中的衰减,达到了光线的高效传输,因而具有高纯度、低衰减、安装方便的特点。光纤灯还具有导光性、省电、耐用、无污染、可弯曲、可变色、适应范围广、节能环保、安全可靠、色彩丰富等特点。因而,光纤灯可以创造出如梦如幻的流星雨、星空顶(见图 5-20)、光纤垂帘(见图 5-21)等视觉效果。

图 5-20   光纤星空顶   图 5-21   光纤垂帘

11)LED 灯

LED 又称发光二极管,是能够将电能转化为可见光的半导体器件,它可以直接把电转化为光。LED 的"心脏"是一块半导体晶片,用银胶或白胶固化到支架上,然后用银线或金线连接晶片和电路板,四周用树脂密封,起到保护内部晶片的作用,最后安装外壳,所以 LED 灯的抗震性能好。LED 灯有诸多特点,它高效节能,白色LED 灯的能耗仅为白炽灯的 1/10、节能灯的 1/4;它的照明寿命可以达到 10 万小时以上,并且可以承受高速状态,即频繁的启动或关闭,不易被损坏。LED 灯依靠纯直流电工作,消除了传统光源频闪引起的视觉疲劳。由于 LED 灯的构造不含汞、铅等有害污染物质,对环境没有污染,也易于回收再利用。LED 灯带如图 5-22 所示。

图 5-22　LED 灯带

2. 灯具的布置

灯具布置的位置直接影响整个室内空间的照明质量。光的投射方向,工作面的照度,照明的均匀性,直射与反射,视野内其他表面的亮度分布及工作面上的阴影等,都与灯具的布置有着密切的关系。另外,灯具的布置是否合理且符合规范,也影响后期的维修与安全。

灯具的布置方式有均匀性布置与选择性布置两种。均匀性布置主要指灯具之间的距离与行间距离均应保持一定。选择性布置指按照最有利的光通量方向、阴影、灯具之间的搭配等条件来确定每一个灯的位置。一般情况下,设计师会采取方形、矩形、菱形等较为规则的形式,也有根据室内空间的需求采取异形的方式来布置灯具。最后,在考虑灯具满足室内照明功能和美观装饰作用的同时,还要注意到灯具安装的规范和安全性,其线路、开关等的设置都要充分考量,避免超载、短路等危险,并在危险处设置标识等。

第三节
室内家具设计

家具是人们日常生活、工作中所使用的器具,它同时具有一定的观赏价值。在室内空间中,家具的体量大、装饰性强、风格特征鲜明,是室内空间最大的陈设物,易于成为人们的视觉焦点。家具与人之间的密切关系,以及家具本身所积淀的建筑文化气息,决定了家具设计是室内设计的重要一环。

家具是人们正常生活、工作、学习和休息必不可少的器具,同时也是室内空间的一个重要组成要素,家具质量的高低,直接决定了人们生活的状态和质量,同时也反映出不同时期、不同民族的审美观念和情趣。它承载了不同民族和地区的生活习惯、宗教信仰,是一种文化的体现。如何让家具在满足人们最基本生活需求的基础上,满足人们更高的精神需求,是室内家具设计所要解决的问题。从产品销售上说,家具的设计要满足大众消费者的审美需求和心理特点,以及不同地区的文化差异。

在实际的室内设计和装修时,每个家具的布局和设计都不能单独来看,家具与家具之间、家具与室内外空间环境等都息息相关,是室内外环境的有机构成,是室内外环境艺术的一部分,如图 5-23 所示。家具的形式、尺度、色彩、质地及它们的布局在室内空间设计中扮演着重要角色。

图 5-23　家具与室内外环境有机结合

一、室内家具设计的特点及原则

1. 室内家具设计的特点

1)明确使用功能,识别空间

人们活动的各类空间是有区别的,根据其性质的不同,家具的空间布局需要有所区别,即明确空间的功能属性后,才能决定家具的设计方向。

在不同的空间,家具设计需要区别对待,例如,广场、公园的家具设计需要满足休闲性和舒适性,同时应和周围的环境统一协调,而体育场的座椅,需要在满足基本使用功能的基础上,尽量地节约空间。因此,室内家具设计需要根据其所在的环境特性和使用功能的不同来进行。家具从某种意义上说是室内空间功能性的最直白的表达,是空间功能的决定者,采用何种家具可以直接决定空间的使用功能,如图 5-24 所示。正确地选择家具,对于室内空间的使用目的、等级、规格、地位及使用者的心理需求都具有非常重要的意义。

图 5-24　儿童房的家具设计

2）利用空间，组织空间

室内空间对人们来说是非常重要的，人们绝大多数的活动要在室内完成，而室内活动可分为公共建筑中的动态集体活动和居住建筑中的静态个人活动。根据环境的客观因素和使用功能的不同，可以使用特定的家具，用特定的方法来组织和利用空间。

其实，组织室内空间是家具的基本功能之一。家具可以使原本单调的走廊空间在原有的交通功能基础上增加更多的功能，例如休闲和娱乐的功能，使空间更活泼。利用家具来分隔空间也是室内设计的重要内容之一，并得到了广泛的应用。

因此，我们在进行室内家具布置和设计时，可以通过家具的分隔作用来减少墙体的面积，增大室内空间的利用率，还可以利用家具布置的灵活变化达到适应不同功能要求的目的。

3）建立情调，创造氛围

家具设计除了研究家具本身的造型和制作外，还应考虑它对周围环境的影响。从外在层面看，家具的视觉形式主要表现在它的造型、色彩和材料等要素的共同创造上。而实际上，家具是放在一定空间内的，它全部作用的发挥不仅是依靠本身的要素设计，更多的是离不开与周围环境的配合，最终才能获得完整的美感。新中式家具如图 5-25 所示。

为了能够让家具在室内空间中起到增加氛围和情调的作用，首先需要考虑的是家具的色彩。例如，以家具织物的色彩调配来调和室内色彩，或用对比色调来营造整个房间的和谐氛围，创造宁静、舒适的色彩环境。一般在室内家具的色彩设计中，常用的设计原则是大调和、小对比。其中，小对比的色彩设计手法就需要家具的搭配设计来体现。在一个色调沉稳的餐厅中，一组色调明亮的座椅会令顾客精神振奋，并能吸引人们的视线，从而形成视觉中心。现代轻奢家具如图 5-26 所示。

图 5-25　新中式家具　　　　　　　　　　图 5-26　现代轻奢家具

此外，人们在选择家具时，除了考虑家具本身的使用功能外，还会利用各种工艺手段，通过家具的形象来表达设计思想或某种精神层面的东西，这是一种更高的追求。这种做法代表了人们想要追求更高层面的生活水准，而科技和工艺手段的不断进步，使得家具的制作能满足更多的需求。

2. 室内家具设计的原则

1）适用性

适用性是家具最基本的功能，也是家具设计的重要原则，即满足人们的使用要求，这要求家具设计需要符合人体工程学。此外，家具还要便于清洁、搬运，可以灵活布置和少占空间。

2）结构合理

这里的结构主要是指家具的生产要保证其形态的稳定和具有足够的强度，保证其可以平稳安装和使用,这决定了家具是否具有良好的质量。结构的方式、加工的工艺都要适应目前的生产状况,零部件在加工安装、涂饰等工艺过程中也要便于机械化生产。

3)艺术性

家具的艺术性是指家具的造型美观、款式新颖、色泽爽目和风格独特。这就要求家具设计应充分体现家具的尺度、比例、色彩、质地和装饰的高度统一。样式与风格设计上要配合环境的整体要求和使用者的性格特征、个人爱好等,如图 5-27 所示。

4)商品性

家具生产是为了获取商业利益,所以设计时首先要满足销售要求。这就需要在设计之前做足市场调研,了解消费者的心理和需求,杜绝闭门造车、盲目设计。要及时了解国内和国际上的流行趋势,正确处理流行和创新的关系,时刻走在市场需要的前列。

3. 室内家具设计的原则

图 5-27　创意艺术家具

1)家具的尺寸与空间环境的关系

在较小的空间中应该使用具有整合性的家具,如果使用过大的家具反而会使空间更加狭小;而较大的室内空间使用较小的家具会使空间显得空旷,产生不协调的感觉。因此,应该依据具体的空间特点进行合理的家具布置。

2)家具的风格要和室内装饰风格相一致

只有统一的家具设计风格才会使室内环境和谐,让人感觉自然舒适,如图 5-28 和图 5-29 所示。

图 5-28　新造型主义风装饰家具

图 5-29　现代轻奢风装饰家具

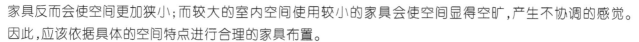

145

3)家具要传递美的信息

让使用者在使用家具本身功能的同时也能感受到美,提升室内环境的艺术水平,带来高级的视觉体验。

4. 室内家具的布置方式

家具的布置方式可以从两个方面进行分类。第一种是从家具在空间中的位置分类,可以分为:周边式、岛式、单边式、走道式、悬挂式。周边式即布置时避开门的位置,沿四周墙体集中布置,留出中间位置来组织交通,这种方式节约空间,适合较小的空间;岛式与周边式相反,四周作为过道,此方法强调家具的独立性和重要性,适合较大的空间;单边式是家具仅布置于一边墙体的方式,其他空间用来组织交通,适合较小的空间;走道式将空间两侧作为家具的布置区,中间作为过道,适合人流较少的空间;悬挂式则为人的活动提供了更大的空间,家具的布置向空中发展。第二种是从空间平面构图关系分类,可以分为对称式和非对称式。对称式的家具布置有明显的对称轴,左右对称,用于庄严正规的场合;非对称式则灵活多变,显得活泼、自由。

5. 室内家具的形态设计

1)点

点是形态构成中最基本的构成单位。在平面上,点的应用使人产生醒目、活泼的感觉,在家具设计中可以借助"点"的各种表现特征,加以适当地运用,会起到很好的装饰效果。

2)线

线是点移动的轨迹,具有方向性。线的形状主要分为直线系和曲线系。直线系使人感到强劲、有力;垂直线有庄重向上、挺拔之感。曲线系具有柔美、圆润的感觉。在家具设计中应根据不同的要求,以线的形态为表现特征,创造出家具造型的不同风格。

3)面

面是由点的扩大、线的移动形成的,具有二维空间的特点。面可分为平面和曲面,平面给人的感觉是安定,不同方向的面的组合,可以构成不同风格、不同样式的家具造型。

4)体

体是由面包围起来构成的三维空间。体又有实体和虚体之分。在家具设计中经常以各种不同形状的立方体组合成复合立方体。此外,色彩、光影、质感的变化也会改变人对体的感觉,甚至人的视角的变化也可以使体的深度、繁简发生变化。

二、室内家具设计的规律与法则

每种风格的家具在某一时刻、某一地域都遵循着一定的造型和工艺标准,同时也体现了设计师的设计观念及当时的社会状态。因而,家具的设计需要遵循一定的规律性,一般来说,室内家具设计需要遵循以下几个基本的规律与法则:

1. 统一与变化

这个原则是艺术造型设计中最为普遍的,是非常重要的设计构成法则。所谓造型设计的统一,就是指要分清事物的主次,有秩序的表现,并不是单一的统一,而是多元化后再进行的统一。也就是说,要把各种性质相同、形状类似的物体放在一起,造成一种统一的对比。具体的处理手法包括协调和重复,位置与体量的主从关系、上下呼应、左右呼应和形状色彩呼应。

变化则是在统一的基础上,强调局部的差异化,产生对比的效果,增加视觉上的丰富性。变化的具体处理手法包括线形的变化、方向的对比、质感的对比、虚实的对比、色彩的对比和疏密的对比等。在具体家具设计过程中,应从变化中求统一,统一中求变化,做到变化与统一的完美协调,是形成丰富多彩的室内设计的基本法则,也是自然界中普遍存在的造型规律。

2. 均衡与韵律

自然界的万物都趋向于从混沌到均衡的发展过程,最终往往以平衡安定的状态存在。家具在室内环境中的存在也需要遵循这一基本的客观规律,这样才能形成平衡安定的状态,给使用者基本的舒适感。均衡指的是家具前后左右各部分的轻重对应关系,而韵律则是家具的上下轻重对应关系,这两个方面都需要考虑,让家具稳定地存在于室内空间中,使室内空间处于一种生动活泼而不失衡的状态。均衡与韵律是非常重要的家具设计法则,无论是单个家具的设计和布置,还是多个家具的组合布置都离不开这个法则。

韵律是多种元素形成系统重复的一种属性,韵律是自然界的现象和规律。要形成韵律,最少需要三种及以上的物件组合在一起形成一定的重复关系。在具体的家具设计中,韵律的组成形式有形状的重复、尺寸的重复和多重复合性的重复。

3. 比例与稳定

所有的物体都具有长、宽、高三个方向的维度,然后由这三个方向上的大小比例构成整个物件的大小,也决定了物体的形状。设计中一般将各个方向度量之间的关系及物体局部与整体间的关系称为比例。在家具设计中,需要考虑家具的比例是否稳定,无论是单件家具的形体处理、立面划分,还是家具相互组合时的比例协调,都离不开比例与稳定这一法则。

三、室内家具设计的作用

人们在布局室内空间时,经常用家具来组织和分隔空间,例如商场和营业厅,会用室内家具来分隔内部空间,形成一个个独立的小空间,进行功能和区域的限定与分隔。与实体墙分隔的空间不一样,家具的分隔强调的是一种精神和心理层面的分隔,说明了家具在参与室内空间组织中的重要作用。例如,办公室里桌子的摆设形成了四四方方的办公空间和过道,这时是把家具看作"线"来使用。同时,分隔开的空间之间,还保留了一定的空间沟通和联系。

1. 改善空间,提高空间使用效率

室内设计是建筑设计的内向延伸,在建筑设计存在一定缺陷和不足时,往往可以通过室内空间的处理和再加工来进行改善。大体量的家具,结合室内其他设施,如木板墙、吊顶等一并整体设计,可以最大限度地把建筑的拐角、梁柱等结构掩饰或利用起来,一举多得,如图 5-30 所示。设计师需要从整体的角

图 5-30　家具设计可以改善空间

度来进行把握,考虑到空间的平衡感,不能造成一边倒的趋势,创造出一个更加舒适美观、功能齐备的室内空间。

此外,还可以用家具扩大空间,这是由家具的储藏用途来实现的,如壁柜、吊柜,这些家具可以利用过道、门廊上部或楼梯底部、墙脚等闲置空间,将各种杂物有条不紊地储藏起来,既填补了空间,又扩大了空间的使用率,如图 5-31 和图 5-32 所示。另外,家具的多功能用途和折叠式家具都能将本来平行的空间加以叠合使用。

图 5-31　转角空间的家具设计

图 5-32　闲置空间的家具设计

2. 创造空间氛围

由于家具的大体量和占比大,家具对于塑造室内空间氛围尤为重要。从深层次的意义上来说,家具的形象能够表达出某种抽象意义和传统文化,它和建筑一样受到各种文艺思潮、宗教和设计流派的影响。古今中外,千姿百态的家具既是实用品又是工艺美术作品。所以在室内家具设计的过程中,每一个条纹的选择、线条的刚柔运用、尺度大小的改变、造型的壮实和柔细、装饰的繁复和简练,实际上都是要通过营造室内空间氛围,表达出一定的思想、风格和情调。家具对室内空间的塑造是基础的,也是关键的,因此室内家具用料要上乘,做工要精细,变化要丰富,细节要充实。只有从各个方面都充分发挥家具本身的特色,整体地考虑家具与室内空间的关系,才能创造出一个层次丰富、主次分明、赏心悦目的室内空间环境。

第四节
室内陈设设计

随着室内设计行业的不断发展,行业竞争日益激烈,行业分工也日趋细致,室内陈设这一概念逐渐引入人们的视野。从室内设计的内容上来说,在室内装饰和家具设计都完成的基础上,设计师还需要考虑更加精细化的室内陈设设计。对室内空间中各种物品的陈列和摆设,统称为陈设。这里的物品往往比家具的尺度要小,而且它们的主要作用是美化室内环境、增加室内意境、渲染环境气氛以及强化室内的装饰风格等。一般的陈设品指织物、工艺品、绿植和日用品。如果室内缺少了物品的展示和陈列,就会显得非常单调、乏味、冷漠和没有生机。室内陈设设计是室内设计的有机组成部分,是室内空间不可缺少的一环。

一、室内陈设设计的目的和作用

1. 室内陈设设计的目的

室内陈设中的主体物品,它们的作用主要是展示和陈列,那么室内陈设设计的主要目的就是使用适当的物品来装饰室内空间,烘托和增强环境气氛,提高室内环境质量,满足人们的精神需求,如图 5-33 所示。室内"物质建设"以自然的和人为的生活要素为基本内容,使个体获得舒服的、方便的,有利于健康的和安全的环境,同时兼顾实用性和经济性。

图 5-33　简单的墙面配上丰富的陈设

2. 室内陈设设计的作用

1)点缀空间

对于室内陈设设计来说,一个最主要的功能就是点缀空间,这是它的基本功能。室内空间若是完全没有陈设品来进行修饰,就会显得空洞乏味,没有生机和趣味性,就好像千篇一律的酒店装修。若是能够加入个性化的陈设品,则会显得更加高端和具有艺术感。

2)烘托室内气氛,营造环境意境

除了点缀空间,室内陈设设计的作用还有烘托室内气氛、营造环境意境。气氛即内部空间环境给人的总体印象,例如欢快热烈的喜庆气氛、亲切随和的轻松气氛、深沉凝重的庄严气氛、高雅清新的文化艺术气氛等。而意境则是一个更加抽象的概念,在这里它是指具体的室内空间在总体上集中体现的某种思想和主题。与气氛相比,意境不仅能够被人感受到,还能给人想象的空间和启迪,是一种精神的延续,一种精神的享受。

室内空间的气氛和意境是由很多因素组成的,陈设是其中一种。正确恰当地处理室内陈设,可以很好地烘托气氛、营造意境、完善空间层次,让室内空间更加立体。例如,人民大会堂大厅顶部巨大的红色五角星,能够给人一种敬畏感,由内而外地感受到党中央带领人民团结一心的决心和毅力,敬畏之情油然而生,烘托出一种庄严肃穆的气氛,如图 5-34 所示。

图 5-34　人民大会堂的庄严肃穆

3)强化室内风格

室内空间设计通过墙面色彩、家具风格、空间形状形成多样的风格,例如古典风格、现代风格、中式风格、欧式风格等。而室内陈设可以通过不同的颜色、样式、质地以及摆设表现来强化原本的室内风格。这里所说的强化,是在陈设方式和原本风格和谐统一的基础上而言的,若违背了原本空间的风格特征进行陈设设计,反而会起到扰乱室内风格,使陈设品格格不入。例如,一般而言,中式风格的室内空间,陈设的往往是中式木质物品或者瓷器等具有中国古典特色的物品,突出中式风格的古朴雅致,若是将一些现代的或者西式元素加入进去,就会显得非常不和谐。

4)体现个人情趣

室内空间使用者的文化修养、兴趣爱好、品位各不相同,选择的陈设品便不同。通过室内陈设品可体现出使用者的情趣:体育爱好者家中,体育器材是其陈设设计的钟爱;书籍是学者、文人的陈设佳品;商人则会选择预示生意兴隆之类的陈设品,如图 5-35 所示。

图 5-35　体现商人个人情趣的室内陈设

5)创造二次空间,丰富空间层次

与室内家具一样,室内陈设也可以划分和组织空间,让室内空间的使用功能更加明确。由墙面、地面、顶面围合的空间称为一次空间,一般来说很难改变这一空间结构,除非使用施工手段对墙体进行改造。但是,这一过程耗时、耗力、费钱,若是使用陈设设计来分隔空间,则会更加方便和快捷。我们把这种用陈设的方式划分出来的空间称为二次空间。使用地毯、绿植、水体等陈设创造出的二次空间,不仅能够使空间更加符合个人的需求,而且也可以使空间的层次感更强。例如,布置教室时,不仅要从实际情况出发,合理安排每个座位,还要合理地分隔空间,腾出活动区域和过道,从而满足不同的用途。现在,很多住宅空间设计中,将餐厅和客厅融为一体,再合理地摆放桌椅、沙发等,划分出交谈的空间。

6)加强并赋予空间意义

一般的室内空间应达到舒适美观的效果,而有特殊要求的空间则应具有一定的内涵,如纪念性室内空间、展示空间等。通过特殊的陈设处理,可以强化室内空间的内涵,或庄重,或活跃,或悠闲等。比如,重庆歌乐山革命纪念馆革命烈士地下展厅,整个大厅呈圆形,周围墙上展现的是描绘烈士受尽折磨而英勇不屈的大型壁画,整个展厅光线昏暗;圆厅中央顶部有一圆形天窗,光线奔泻而下,直接照在一副长长的悬挂着的手铐、脚镣上,使参观者的心为之震撼。在这里,用光线的照耀突出了雕塑在整个空间的主导地位,以环绕的壁画为背景,雕塑上的手铐、脚镣则加强了空间的深刻意义,起到了教育后人的作用。

7)丰富室内色彩,营造具有生命力的室内空间

随着现代社会的发展,城市建筑多由钢筋混凝土构成,外部有大面积的玻璃幕墙和钢筋骨架。这些都使得如今的室内环境变得冷漠、沉闷,充满了工业感,压抑得让人喘不过气。而人们本能地追求更加丰富的、自然的和个性化的工作和生活环境,因此植物、织物等陈设品被引入人们的生活中,让原本枯燥、乏味、压抑的空间变得柔和、有生机,亲切且具有活力。通常来说,人们在感受室内空间时,往往会把目光集中在占绝大部分色彩的陈设品上,这是由室内环境色彩决定的。对于陈设品来说,环境色彩既可以作为主体色彩去主导空间感受,也可以作为点缀色彩来修饰空间感受。室内的色彩很大一部分是由陈设品组成的,而同一空间的色彩应该在大体上保持一致和协调,但过分统一的颜色又会显得过于呆板和无趣。因此,陈设设计可以给室内色彩设计带来无限的可能,起到画龙点睛的作用。

3. 室内陈设与室内环境的关系

室内空间是根据具体使用的需要进行创造的物质空间,使用者的感受和体验是首先被考虑的,陈设品要能够满足人们的生活和娱乐所需。因此,室内陈设应该服从整体室内环境的要求,具体包括以下几个方面:

(1)不同类型的室内环境对室内陈设具有不同的要求。娱乐空间内一般多用曲线图案构成的织物来陈设,从而形成生动活泼的流动感。在旅游和交通建筑中可以选用图案、花样繁多的织物来陈设,特别是一些具有地域文化色彩的图案,使室内风格与当地风俗文化相匹配。所以,让室内陈设在题材、构思、构图、色彩、图案和质地等方面服从于室内环境特色,是室内设计的重要一环。如图 5-36 所示。

(2)不同类型的房间对室内陈设具有不同的要求。这是因为房间的功能不同,对陈设的要求也发生了变化;而不同风格的陈设品,对于形成房间的不同个性也有着重要的作用。

(3)不同形式的家具对室内陈设具有不同的要求。室内环境中的陈设品与家具有着紧密的联系,有的陈设品布置在家具上,有的和家具一起形成一个整体,有的与家具一起共同布局形成一个完整的局部空间。这些陈设品需要与家具的位置、色彩、构图等协调,把握好主从、层次、对比与统一的关系。

图 5-36　不同类型的室内陈设

二、室内陈设设计的原则与方式

室内陈设设计可以烘托环境气氛,满足人们的精神需求,因此进行布置时要认真思考。由于室内空间的不同,个人性格喜好、文化修养的迥异,民族文化、气候等的不同,很难有固定的设计模式,只能根据不同的需求,凭借设计师的聪明才智,因地制宜地创造良好的室内空间视觉效果。

1.影响室内陈设设计的因素

1)陈设品的特性

陈设品从功能上可分为装饰性陈设品和实用性陈设品两种,前者布置时只需要考虑美观性,后者布置时则不光要考虑视觉效果,还要满足日常使用时的方便。例如,冰箱的摆放位置不能只考虑视觉的美观,摆放的位置通风要好,因为冰箱的散热量较大,只有保证良好的通风才能使冰箱正常工作,保证室内的环境不被污染;同时,摆放的位置要方便使用,冰箱是家中常用的电器,合理的位置能减少人的工作量。

2)使用者的需求爱好

由于使用者的职业、身份、爱好、文化修养等各不相同,其对室内陈设设计也有不同的要求。例如:儿童房常用各种玩具和色彩鲜艳的装饰品布置,突出儿童的心理特征;老年人多选择古典风格,色调沉稳的饰物;文人偏爱书籍做陈设品;商人则摆放代表发财、一帆风顺的饰物。

3)民族性、地方性、区域性的要求

不同的民族、地域,室内陈设设计也不相同,这是由各民族的生活方式、传统习俗及文化沉淀不同所引起的,如图 5-37 所示。中式的室内陈设设计采用中国传统的对称布置手法,日式的室内陈设设计则习惯采用非对称的手法。

图 5-37　不同民族和地域的室内陈设设计

4）室内空间的特性

室内空间的特性是影响室内陈设设计的重要因素之一。室内空间的功能、气氛各不相同，室内陈设设计也不相同。只有室内陈设设计符合空间特性，才能起到美化环境、烘托气氛、强化功能的作用。例如，人民大会堂是举行各种重要会议、商讨国家大事的地方，需要庄重严肃的气氛，顶面中央悬挂的大型玻璃吊灯采取完全对称的设计，烘托气氛。

5）陈设品的保护

室内陈设设计还应考虑陈设品的保护问题，如：油画等饰物应布置在防潮、避光的地方；玻璃器皿、陶瓷制品布置的地方要防跌、防震；观赏鱼和鸟的陈设要防止猫、狗的袭击。

2. 室内陈设设计的原则

1）美学原则

室内陈设设计的主要目的是实现较好的视觉效果，因此就要满足美学要求，遵从形式美法则。

2）功能原则

室内陈设设计在满足视觉效果的同时，还要考虑它本身的实用性，并遵从其功能要求进行布置。比如，电视机的位置摆放需要考虑人们使用时的需求，位置不能太偏，也不能太高或者太低，否则会让使用者感到不适；而茶具、餐具等日常器皿的摆放位置及高度也需要符合人们的使用习惯，确保舒适性。

3. 室内陈设设计的方式

1）墙面陈设

这种陈设方式是将陈设品以悬挂的方式展示在墙上，常见的有字画、装饰画、匾联、浮雕等陈设品。事实上，凡是可以悬挂在墙壁上的纪念品都可以作为墙面陈设品。但墙面陈设也要注意一些问题：陈设品应选择挂在完整、较空旷的墙面，挑选最合适的观赏高度和位置；陈设品应和室内风格协调统一；陈设品的大小和数量要与墙面空白部分的尺寸及家具的尺寸相互匹配,以免出现不协调的部分。另外,需要特别注意的是墙面的陈设品不应太拥挤,适当留白会产生更好的视觉效果,否则再精彩的陈设品也会因为拥挤而显得局促、不美观。墙面陈设如图 5-38 所示。

图 5-38　墙面陈设

2)台面陈设

台面陈设是将陈设品放置于桌面、台面、柜台及展台等平台的一种方式,比较常见的是博物馆的展品,基本上都采用这种方式。由于这种方式比较占空间,对于面积较大的居住空间也可以采用这种方式。布局时若采用对称式的布局,则会显得庄重、稳定和有层次感,但同时也存在缺乏灵活性的问题。可以通过灵活的布局使空间显得自由和富于变化。

3)悬挂陈设

在室内净高较高的空间中,通常采用悬挂陈设来减少竖向空间的空旷感,例如悬挂吊灯、织物、珠帘、植物等。需要注意的是,悬挂的物品不能影响人的活动。悬挂陈设如图 5-39 所示。

4)橱架陈设

这种陈设方式较为常见,因为橱架内有隔板,可以放置各种书籍、古玩、酒水、雕塑等陈设品,具有不错的展示功能,如图 5-40 所示。而且隔板的变化也可以为不同尺寸的陈设品提供多变的空间。布置时宜选用造型色彩单纯朴素的橱架,而陈设品宜少不宜多,否则会出现杂乱的堆砌效果。另外,还可以将陈设品分类、分批地进行展示,从而增加展示的可变性和多样性。最后,在同一个橱架展示物品时,应将相似或相同的物品同时展示,并且进行有规律的排列,将展出效果较好的陈设品放在显著的位置凸显出来,主次分明,追求完美的组织形式和生动的韵律美感。

图 5-39　悬挂陈设　　　　　　　图 5-40　橱架陈设

5）落地陈设

这种方式适合体积较大的陈设品,如雕塑、灯具、绿化等,适用于大型公共空间的中心陈设,能够起到引导空间的作用。布置时应注意陈设品放置的位置要避开大量人流,不能影响交通流线的通畅。

第五节
室内绿化设计

随着环境保护意识的增强,人们在浮躁的都市环境中期望回归自然的愿望与日俱增,室内设计也顺应人们的需求而进行改变。室内绿化是近年来发展起来的越来越受重视的室内美化设计手段,设计师开始在公共空间、私人住宅、办公室、餐厅等布置花草树木、假山喷泉等,以达到美化环境、沟通人与自然的效果。植物以丰富多彩的形态和色彩为室内环境增添了不少情趣,与家具、陈设等搭配组合,更能突出别样的效果。

一、室内绿化设计的作用

1. 改善室内环境

室内绿化的主体是绿色植物,绿植除了有生机勃勃的绿色、各异的形态外,它们更是自然调节器。它们可以在一定范围内调节室内的温度、湿度,净化室内空气并减少噪声。枝繁叶茂的植物可以吸附一些有毒气体和尘埃,起到净化空气的作用,例如室内摆放芦荟可以吸收一些空气中的甲醛,减轻对人体的伤害。同样植物在进行光合作用时,会吸收或蒸发一些水分,在室内产生小气候,从而调节室内的温度和湿度。茂密的枝叶对于声波的反射和漫反射都有一定的干扰,可以降低室内的噪声。

2. 美化环境

室内植物比起一般的陈设品更具生命力,它有色彩、质地的变化,形态万千,能给室内环境带来不一样的动态感和趣味性,如图 5-41 所示。绿色植物对室内环境的美化作用主要有两个方面:第一,绿色植物本身的自然美,包括色泽、颜色、形态、气味、体量等;第二,室内绿化经过精心的设计和摆放,与室内环境和其中各类陈设品有机结合,能给人以很强的艺术感。在室内空间中常出现一些转角,利用绿化设计可以充实、改善空间,例如一些异型难利用的空间、沙发死角等,通过绿化设计的点缀能增添趣味和生机。

3. 满足精神需求

绿植经由设计引入室内后,能获得与大自然异曲同工的胜境,植物、水、石所形成的空间美、形态美、色彩美、韵律美等都极大地丰富和加强了室内环境的表现力和感染力。不同的绿化设计也能反映出不同的思想和意境,因而合理的室内绿化设计使人赏心悦目,产生物外之意、景外之境的联想和情感。现代都市快节奏的生活使人们的精神压力与日俱增,人们向往返璞归真、回归大自然。绿色植物可以使人放松精神、缓解疲劳和压力,所以在办公空间、住宅空间、公共场所经常可以看到绿化设计。

4. 组织空间

1)联系空间

绿色植物的引入能够使室内外空间具有相同的因素,搭建起内外空间过渡和延续的桥梁。再利用通透的维护体,例如玻璃,使室内外的景色相互渗透、融合,空间变得更加开阔和深远,扩大了有限的空间。如图5-42所示。

2)分隔空间

在一些大的室内空间里,用花池、花坛和绿篱分隔成若干小空间是一种常见的绿化设计方式,如图5-43所示。这样不仅可以使空间得到绿化,也使得空间的使用变得更为灵活。在分隔小空间时,还能根据环境的需求调整植物的高度,来满足动静分区、公私分区的功能需求。

图 5-41　绿色植物美化室内空间

图 5-42　绿色植物过渡室内外空间

3)引导空间

室内绿植的摆放可以组织和引导室内空间的流线。室内绿植有引人瞩目的色彩、形态等,能起到提示和指向的作用。例如,在空间转变处,台阶、坡道的起止点,主楼梯等位置,巧妙地运用绿植来作为提示,或者有规律地进行摆设,起到引导作用,如图5-44所示。

图 5-43　绿色植物分隔室内空间

图 5-44　绿色植物引导室内空间

4)柔化、填补空间

绿色植物有着各自的独特形态,有着柔软的线条与质感,能够打破现代家具平直的线条、造型和坚硬的界面,如图5-45所示。在室内空间中,尤其是不规则的空间中容易产生一些难以充分利用的灰色空间,如楼梯口、转角等位置。使用绿色植物来填充这些灰色空间,会使得空间更加完善,且更具趣味性,如图5-46所示。

图 5-45　绿色植物柔化空间边界　　　　　　　　图 5-46　绿色植物填补灰色空间

二、室内绿植的选择

根据室内造景的需要,室内绿植可以分为自然生长植物和仿真植物两大类。

1. 自然生长植物

按植物的观赏性分类,可以将自然生长植物分为以下几种:

1)观叶植物

以植物的叶茎为主要观赏特征的植物类群被称为观叶植物。此类植物叶色多彩,有绿色、红色、黄色等;叶形奇异多样,有的四季常青,有的会随生长年限而变色。大多数观叶植物耐阴、不喜强光,在室内的光照和温度条件下也能长期生长。这类植物的代表品种有文竹、吊兰、芦荟、芭蕉、竹子、吉祥草、万年青、天门冬、石菖蒲、常春藤、橡皮树等。

2)观花植物

以观赏花为主的植物,花的种类繁多,颜色也不尽相同,尤具观赏性。此类植物按形态特征分有木本、草本、宿根、球根四大类。代表性植物有玫瑰、玉兰、牡丹、蔷薇、水仙、茉莉、君子兰、凤仙花、大丽花、玉簪、翠菊等。

3)观果植物

此类植物春华秋实,硕果累累,以观赏果实为主,常用来点缀景观,弥补观花植物的不足,又能创造出丰富的景观层次。观果植物的选择应该优先考虑花果并茂的植物,如石榴、金桔等,其他还有枸杞、火棘、天竺、佛手等。

4)藤蔓植物

以观其形态为主的植物类群,它包括藤本和蔓生两类。前者又有攀援型和缠绕型,如常春藤、龟背竹、绿萝等属攀援型;文竹、金鱼花等属缠绕型。藤蔓植物没有固定结构,更易于人工对其进行造型,大多用于室内垂直绿化。

5)闻香植物

此类植物花色淡雅,香气宜人,沁人心脾,既是绿化、美化、香化居室的材料,又是提取天然香料的原料,例如茉莉、白兰、米仔兰、栀子花、桂花等。

6)室内树木

此类植物指可在室内环境中正常生长的大、小乔木,除了有观叶的特征外,其树形也是一个重要的观赏点。有圆形树冠如桂花、白兰、榕树等;有塔形如罗汉松、塔柏等;棕榈形如杪椤类、棕榈类等植物。

7)水生植物

此类植物有漂浮植物、浮叶根生植物、挺水植物等几类。水生植物多喜光,近年由于采光和人工照明技术得到了极大的发展,在室内绿化的水景中也多引入这些植物进行设计。漂浮植物如浮萍、凤眼莲等植于水面;浮叶根生植物的睡莲植于深水处;水葱、旱伞草、慈姑等挺水植物植于水际。

2. 仿真植物

仿真植物是指人工材料如塑料、绢布等制成的观赏性植物,也包括经防腐处理的植物体,经组合后形成的仿真植物。随着制作材料及技术的不断发展,加上一些空间无法提供植物生存所需要的环境条件,使得这种非生命植物越来越受到人们的青睐。虽然仿真植物在健康效益、多样性方面不如具有生命力的室内绿化植物,但是在某些场合确实比较实用,特别是在光线阴暗处、光线强烈处、温度过低或过高处、人难以到达之处、植物不宜种植之处、特殊环境等地方具有很大的实用价值。

三、室内绿化的布局

室内绿化布局的方式多种多样、灵活多变,从形态上可将其归纳为以下几种方式:

1. 点状布局

点状布局是指独立布置的植物布局方式。这种布局常用于室内空间的重要位置,除了能加强室内的空间层次外,还能成为室内的景观中心。因此在植物的选择上更要从观赏性出发。点状布局的绿化可以为大型植物,也可以是小型花草,是室内绿化设计中运用最为普遍、最广泛的一种布局方式。如图 5-47 所示。

图 5-47　点状布局

2. 线状布局

线状布局指绿色植物排列成线状,其中有直线和曲线之分。前者指用数盆花木排列,组成带式、折线式,或方形、回纹形等,起到组织空间、调整光线的作用;而后者则是指把花木排列成弧形,如圆形、半圆形、S形等,并与家具、陈设品相配合,组成较为流畅自由的空间,如图 5-48 所示。

图 5-48　线状布局

3. 面状布局

面状布局是指成片布置室内绿化的形式,一般由若干个点组合而成,多数用作背景,这种绿化布局的体、形、色等都应以突出前面的景物为原则。有些面状布局可以用来遮挡空间中有碍观瞻的东西,这个时候它们就不是背景而是空间中的主要景观点。面状布局的形态有两个:规则式和自由式。面状布局常用于大面积空间设计中,强调丰富多变的层次,达到美观、耐看的艺术效果,如图 5-49 所示。

图 5-49　面状布局

4. 综合布局

综合布局是指由以上三种布局（即点、线、面）有机结合的绿化布局形式，是室内绿化布局中采用得最多的方式。它既有点、线，又有面，且组织形式多样、层次丰富。布置中应该注意高低、大小、聚散的关系，统一之中有变化，以传达室内绿化丰富的内涵和主题寓意。

此外，在室内绿化布局时，还需要考虑以下四点：

1）空间的基本风格

进行绿化布局时，要充分考虑室内的气氛、主题等要求，绿化设计要补充室内空间的风格，增强艺术感染力，选择绿化色彩时，也要根据空间的整体色彩进行，在统一中求变化。

2）空间的使用功能

室内空间的功能性是设计中最重要的考虑因素，室内绿化要为空间的功能服务。不同功能的空间，其室内绿化的选择和布置也不尽相同，如具有纪念性的室内空间，其功能是供人们瞻仰、纪念、缅怀的，需要有庄严肃穆的氛围，通常选用松柏、万年青、铁树等绿色植物。

3）植物的生长习性

室内绿化设计首先要考虑绿色植物的生长习性，有的喜阳，有的喜阴，也有半喜阴植物。根据不同的生长习性对绿色植物进行合理的安排，才能使植物更好地成长，达到室内绿化美观和实用的效果。例如，在阳台或者朝阳的空间里摆设喜阳的植物；在阴凉处、灰色空间、角落摆放喜阴的植物。此外，不同的植物所适宜的温度、湿度等也需要在绿化布局时进行考量。

4）使用者的喜好

空间使用者的文化修养、生活习惯、对空间的要求等不尽相同，进行室内绿化设计时也应该考虑使用者的个人喜好。

第六章

室内设计实践作品赏析

室内设计是艺术与科技的结合体,是一门综合性的应用学科,特别是环境设计所呈现的交叉性、应用性更加明显。无论室内设计的理论研究有多深刻,最终都要在实际项目中进行检验,并运用到实际室内设计项目中,用以指导实践。

第一节
设计案例 1：簰洲湾 98 抗洪纪念馆室内设计

一、项目背景

在 98 抗洪胜利 20 周年之际,为回顾抗洪历史,缅怀抗洪精神,打造红色旅游、红色教育基地而兴建抗洪纪念馆。项目位于嘉鱼县簰洲湾八一路前侧,总规划用地 8000 平方米,其中纪念馆主体工程建设面积约 1000 平方米,工程投资约 1000 余万元。簰洲湾 98 抗洪纪念馆分为 6 大板块,分别是：

①序；

②南嘉大地,军民一心；

③洪灾天降,万众临危；

④军民同心,众志成城；

⑤亲切关怀,重建家园；

⑥英烈不朽,丰碑永恒。

二、展厅设计

1. 门厅设计

门厅采用大型立体浮雕、立体数字设计油画,还原场景,再配以文字简介作为本厅的主要表现形式。在雕塑设计方面,中间表现汹汹洪水,主体人物后面是各方抗洪突击队伍的旗帜以及生死牌,体现了人们抗击洪水的决心和气势。整个画面重点突出解放军战士在簰洲湾抗洪、保卫家园、不怕牺牲的英勇精神。在立体数字设计方面,以"1998"和"2018"突出体现了 20 周年的抗洪主题及纪念意义。

2. 序厅设计

序厅主要以深灰色与暗红色为主色调,整体采用灰色调充分体现出历史凝重的气氛。以沙盘的形式为参观者展示嘉鱼县的地形地貌,让参观者以最直观的方式清晰地了解嘉鱼县的地貌特征,道出嘉鱼县簰洲湾在长江流域中所处的地理位置与地势特点,以及在防洪防汛中对省会武汉的重要作用。

3. 二厅设计

二厅的主要设计元素有"斜坡式吊顶""土黄色水波纹造型墙体""大型立体雕塑"及"视频展示"。该厅整体以土黄色为主色调,吊顶采用斜坡式,高度从五米降到三米,其中吊顶灯槽造型以嘉鱼县长江流域为原型进行设计,再配以土黄色的水波纹造型墙体,结合昏暗的灯光设计,给参观者一种洪水来临时的压迫感,让参观者更加清晰直观地体会当时的灾情。在雕塑设计方面,设计背景源于 1998 年洪灾中簰洲湾 7 岁小女孩江珊等待救援的故事:小女孩江珊在洪水中坚持了长达 9 个小时,她娇小的身躯迸发出强大的求生欲望。雕塑设计体现了中华儿女不畏洪水、勇于抗争的精神,以及人民解放军奋不顾身、大义凛然的救援精神。

4. 三厅设计

三厅的主要设计元素有"楔形墙面造型""大型场景雕塑""巨幅油画背景"及"视频展示"。该厅以灰色为主色调,灰色象征着对 20 年前黑白照片的怀旧感,同时灰色也是百搭色,能将各种颜色和谐地融入其中。在墙面的设计上采用了楔形墙面的夸张造型,坚硬挺拔向上的动势让参观者不禁以仰视的角度观看,众志成城、气吞山河的气势通过立体的楔形造型将参观者的情绪引入高潮。在本厅中设有"巨幅油画背景""人物雕塑",再配以"道具布置"来再现抗洪场景,以立体雕塑的形式为参观者展示 1998 年抗洪时战士们作战在一线的情景,生动形象的战士雕塑姿态、高度还原的巨幅油画背景及场景布置,将参观者的情绪带入当年抗洪的场景中,体会当时抗洪的艰险与战士们不畏艰险的宏伟气势。

5. 四厅设计

四厅在设计上选择了较为亮眼的红色为主色调,从而与前几个厅的灰色调形成鲜明对比。在空间设计上此厅显得较为紧凑。空间的紧凑感让参观者感受到人民群众与领导人之间的距离更加亲近,配有军政领导人亲临现场慰问灾民、指挥抗洪的珍贵图片,并进行文字介绍。

6. 五厅设计

五厅在设计上以明亮的米黄色为主色调,将参观者的情绪从紧张、压抑、悲壮带入到温馨、亲切、光明的气氛中,展厅中"生命之树"的高大挺拔象征着嘉鱼县簰洲湾抗洪军民不软弱、不动摇的顽强拼搏精神。本厅中的圆形软膜吊顶,以蓝天白云为背景,象征着灾后重建的光明,周围辅以红色圆形格栅栏,寓意着圆满和完整,从而达到与本厅重建家园的主题相呼应的效果。

7. 六厅设计

六厅的主要设计元素有"立体浮雕柱""抗洪烈士浮雕像"以及"红色五角星造型吊顶、墙体"。本厅在设计上以红色、灰色、黄色作为主色调,红色象征着党和人民不畏牺牲的伟大精神;灰色象征着庄严、肃穆;黄色则象征着对烈士的哀悼与祈福。在本厅中央设有立体浮雕柱,在柱体表面以立体字的形式附有国家主席江泽民的 24 字亲笔题词,表达对抗洪英雄的缅怀,向历史致敬,从中获取前进的力量。本厅内还设有 19 位抗洪烈士的浮雕像,配以 19 位烈士的生平简介,表达对抗洪烈士们的缅怀与致敬。本厅在吊顶与墙体的设计上,以红色五角星为设计元素,红色五角星象征着各个阶层群体,中心对称的造型寓意军民一心。

簰洲湾抗洪纪念馆室内设计如图 6-1 至图 6-10 所示。

图 6-1　簰洲湾抗洪纪念馆室内设计 1

图 6-2　簰洲湾抗洪纪念馆室内设计 2

图 6-3　簰洲湾抗洪纪念馆室内设计 3

图 6-4　簰洲湾抗洪纪念馆室内设计 4

图 6-5　簰洲湾抗洪纪念馆室内设计 5

图 6-6　簰洲湾抗洪纪念馆室内设计 6

图 6-7　簰洲湾抗洪纪念馆室内设计 7

图 6-8　簰洲湾抗洪纪念馆室内设计 8

图 6-9　簰洲湾抗洪纪念馆室内设计 9

图 6-10　簰洲湾抗洪纪念馆室内设计 10

第二节
设计案例 2：南京荣耀府别墅室内设计

　　南京荣耀府别墅室内设计以象牙白为主色调，以浅色为主，深色为辅，追求简练、明快、浪漫、单纯和抽象的欧式风格，通过完美的曲线设计，精益求精的细节处理，给人带来强烈的舒适感，如图 6-11 至图 6-13 所示。

图 6-11　南京荣耀府别墅室内设计 1

图 6-12　南京荣耀府别墅室内设计 2

图 6-13　南京荣耀府别墅室内设计 3

第三节
设计案例 3：教师休息室室内设计

随着经济的发展，人们的生活、工作压力也逐渐增加。对于教师来说，学校是日常工作的重要场所，伴随着教学工作的改革，教学任务的增加，教师希望在工作之余有一处可以放松身体、净化心灵的场所，这就有了教师休息室存在的意义。教师休息室是既具有公共属性又具有私人属性的特定空间，是教师在学校放松休息的重要场所。

一、设计思路

本书中，教师休息室的使用对象是艺术学院的教师，所以在风格上选定为后现代，运用后现代风格打破常规，告别现代风格的冷漠，营造轻松和宽容的氛围；用多元和复杂的元素追求不确定性，把木头与金属等材料进行混合、拼接、解构，创造一种新的设计语言；大面积采用中性色彩能让人的心情更加放松，利用绿植改善室内沉闷的气氛；在硬装上采用原始、裸露的手法，形成视觉上的刺激；配上复古暖黄的灯光，使室内充满复古的韵味。

整体搭配上给教师带来身体上和心灵上的放松，强调生活不必严肃刻板，而是要享受当下。

二、设计风格

　　教师休息室采用后现代风格,强调形态的隐喻、符号和文化、历史的装饰主义,主张新旧融合、兼容并蓄的折中主义立场,以强调非理性因素来实现空间要求的轻松和宽容。大量使用铁制构件,将玻璃、瓷砖等材料,以及铁艺制品、陶艺制品等综合运用于室内设计。注重室内外沟通,竭力给室内装饰艺术引入新意。教师休息室室内设计效果图如图 6-14 至图 6-16 所示。

图 6-14　教师休息室室内设计效果图 1

图 6-15　教师休息室室内设计效果图 2

图 6-16　教师休息室室内设计效果图 3